Albrecht Unsöld

STERNE UND MENSCHEN

Aufsätze und Vorträge

Mit 16 Abbildungen

Springer-Verlag Berlin · Heidelberg · New York 1972

Professor Dr. A. Unsöld, Institut für Theoretische Physik und Sternwarte
der Universität, D-2300 Kiel

ISBN-13: 978-3-642-65277-6   e-ISBN-13: 978-3-642-65276-9
DOI: 10.1007/ 978-3-642-65276-9

Vorwort

Die Vorträge und Aufsätze der vorliegenden Sammlung sind in den vergangenen fünfzehn Jahren aus den verschiedensten Anlässen heraus entstanden.

Die erste Gruppe versucht zu zeigen, wie die Physik — als Paradigma der modernen Naturwissenschaften — im Leben steht und wie sie zu verstehen ist, nicht nur aus ihrem eigenen Bereich heraus, sondern ebenso als historisches und als menschliches Anliegen. Dies illustrieren nach verschiedenen Seiten hin biographische Essays über drei große Physiker, welche kürzere oder längere Zeit an der Kieler Universität tätig waren: *Max Planck*, *Heinrich Hertz* und *Walther Kossel*.

Es folgen einige Erinnerungen an drei Astrophysiker: *P. ten Bruggencate*, *O. Struve* und *M. G. J. Minnaert*, denen ich mich bis zu ihrem Lebensende in wissenschaftlichen und menschlichen Dingen besonders verbunden fühlte. In astrophysikalischer Hinsicht handelte es sich seit den späteren zwanziger Jahren um die Entwicklung der Astrophysik und insbesondere der Spektroskopie der Sonne und der Sterne zu einer quantitativen Wissenschaft, in der — wie in der Physik selbst — neben der Beobachtung die Theorie eine gleich wichtige Rolle spielte. Die damit angeschnittenen Probleme: *Die chemische Zusammensetzung der Sterne*, die *Evolution kosmischer Materie* und die *Einheit des Universums* behandeln (nach einem historisch-didaktischen Intermezzo: *Ptolemäus — Kopernikus — Einstein)* drei weitere Vorträge.

Zum Schluß kehren wir — unter veränderten Aspekten — zurück zu unserem Ausgangsproblem: *Wissenschaft und Forschung in der modernen Gesellschaft.* In den seit jenen Kieler Universitätstagen vergangenen zwölf Jahren haben sich selbstverständlich viele einzelne Daten und Dinge geändert. Trotzdem schien es mir nicht sinnvoll, den Vortrag zu „modernisieren": Unsere *wesentlichen* Probleme sind auch heute noch genau dieselben.

Kiel, Frühjahr 1971   A. Unsöld

Inhalt

VIII

Physik und Historie

Kieler Rektoratsrede vom 12. Mai 1958

Einleitung: Physik macht Geschichte

Vor etwa einem Jahr hatte ich während meines Aufenthaltes in den Vereinigten Staaten Gelegenheit, das bis dahin wohl größte physikalische Experiment aller Zeiten zu sehen. Der Rundfunk hatte es schon einmal angekündigt; dann war es wieder verschoben worden. Nun war es so weit: Plötzlich flammte der grau dämmernde Morgenhimmel über der Sierra in taghellem Knall-Gelb auf. Anfangs rasch, nachher langsamer wurde er dann rot und verblaßte wieder, wie wenn nichts geschehen wäre. Erst eine halbe Stunde später kam die Druckwelle und schüttelte Fenster und Türen, wie um noch einmal die schläfrigen Menschen wachzurufen. Was war geschehen? In einer Entfernung, die dem Abstand Kiel-Frankfurt entspricht, war die größte bis dahin gemachte Wasserstoffbombe explodiert.

Jeder empfand dieses Experiment als ein *historisches Ereignis*. Schon im vergangenen Kriege sind die großen Entscheidungen nicht in den Köpfen der Generäle und Politiker, sondern in denen einiger weniger Physiker und Ingenieure vor sich gegangen. Und selbst ohne die Schlagworte der „Technisierung" und „Automatisierung" ist klar, daß auch die großen Probleme der friedlichen Weiterentwicklung der modernen Gesellschaft wesentlich auf dem Boden der Naturforschung erwachsen sind und gelöst werden müssen: *Die Physik macht heute Geschichte.*

Zur Geschichte der Physik und ihrer Denkformen

Aber wir betreiben auch *Geschichte der Physik.* Jeder Vorlesung schickt man — manchmal vielleicht mehr aus Gewohnheit als aus tieferem Nachdenken — eine historische Einleitung voraus. Hier erscheint nun mit einem Male die Physik eingebettet in den Strom des historischen Geschehens.

Da erregen uns nicht nur die großen Schicksale berühmter Forscher, von Galileis Verurteilung durch die Inquisition bis zu Einsteins Vertreibung durch die Begründer des „Tausendjährigen" Reiches. Es rührt uns nicht nur, wenn schon vor mehr als fünfzig Jahren der große Ludwig Boltzmann sich der Verwaltungsbürokratie jener Tage nur dadurch zu erwehren wußte, daß er seinen Institutsetat überhaupt nicht anrührte, sondern es vorzog, alles aus eigener Tasche zu bezahlen.

Viel wichtiger scheint mir zu sein, daß die großen physikalischen Entdeckungen selbst sozusagen etwas vom Gepräge ihrer Zeit an sich tragen. Erwin Schrödinger hat diesen Gedanken schon 1932 in einem Vortrag ausgeführt, der den zunächst etwas skurril klingenden Titel führt: „Ist die Naturwissenschaft milieubedingt?" Einige historische Bemerkungen mögen dies erläutern.

Die Physik der Teilchen und Fernkräfte

Die auf den Begriffen der Massenpunkte und der zwischen ihnen wirkenden Kräfte gegründete Mechanik von Galilei und Newton; Leibnizens Spekulationen über die „Monade", die zunächst „toute nue" für sich alleine ist und deren Wechselwirkung nun ein ebenso tiefsinniges Problem stellt wie Newtons Kraftbegriff; endlich der Absolutismus der Potentaten jener Zeiten — „l'état c'est moi" — all das beruht auf Denkformen, die wir — vorerst ganz lose — durch die beiden Begriffsgruppen: (A) *Ich, Individuum, Partikel* und demgegenüber (B) Kraft, Actio et Reactio usw. kennzeichnen wollen.

Die tiefere Analyse und philosophische Durchleuchtung der Grundbegriffe der Mechanik durch E. Mach, H. Hertz u. a. zeigte immer deutlicher, daß die Begriffsgruppen (A) und (B) genau genommen miteinander unverträglich sind und sozusagen nur im Grenzfall „schwacher Wechselwirkung" approximativ brauchbar werden.

Wir erinnern z. B. an das schwierige Problem der Verteilung der Massen wechselwirkender Teilchen im Rahmen der Relativitätstheorie, wo ja auch die Wechselwirkungsenergie eine Masse hat. Im Grunde aber handelt es sich gar nicht um eine spezifisch physikalische Frage. Nach kurzem Nachdenken erkennt man, daß die Schwierigkeit viel mehr in der besonderen Struktur unseres *Erkennens* begründet ist.

Zum Beispiel, wenn „*Ich*" von anderen Menschen beeinflußt werde, so handle eben daraufhin nicht „nur ich", sondern — ja was eigentlich? Unsere europäischen Sprachen haben dafür nicht einmal einen spezifischen Ausdruck; so sehr sind sie noch dem Denken und den Auffassungen des siebzehnten Jahrhunderts verhaftet.

Die Physik der Felder

Gegen Mitte des vorigen Jahrhunderts erscheint nun in der Physik eine ganz andersartige Betrachtungsweise; ihr Begründer ist Michael Faraday. In seiner Jugend fast ohne Anleitung, *ist* er einfach Naturforscher. Von einer Reise nach dem Kontinent schreibt er 1814 an seine Mutter: „Erzähle an B., daß ich über die Alpen und Apenninen gezogen bin; daß ich den Jardin des Plantes besucht habe; das von Buffon eingerichtete Museum; den Louvre mit seinen Meisterwerken der Bildhauer und Maler; das

Luxembourg mit den Werken von Rubens; daß ich ein *Glühwürmchen* gesehen habe!!!" So sieht nur ein wirklicher Naturforscher die Welt. Und er *mußte* auch die damals noch verhältnismäßig neuen Phänomene des Magnetismus und der Elektrizität ganz anders sehen als seine Vorgänger: Er sah den ganzen Raum durchzogen von magnetischen und elektrischen Kraftlinien; behaftet mit Spannungen etwa wie ein elastischer Körper; die Ladungen degradiert zu Quellen und Senken der Kraftlinien. Das war die erste *Feldtheorie*. J. C. Maxwell gab ihr die endgültige mathematische Form. Später folgten ihr andere nicht weniger tiefsinnige Gebäude bis zu den „Einheitlichen Feldtheorien" von Einstein, Weyl, Heisenberg u. a.

Hier ist nun die Rede von *Feldern*, d. h. Zuständen, die den ganzen Raum durchdringen. Dies geschieht nach bestimmten Differentialgleichungen, welche das Feld an einer bestimmten Stelle und zu einem bestimmten Zeitpunkt verknüpfen mit dem, was in der räumlichen Nachbarschaft und in benachbarten Zeitpunkten „los ist".

Spricht hier nicht auch das Jahrhundert des beginnenden „sozialen Kontinuums", der Demokratie und des Sozialismus, wo die Rede sein wird von Psychologie der Massen und von gegenstandsloser Kunst?

Die Quantenphysik

Dann, in den Jahren 1900—1927, wandelt sich die Physik noch einmal, beginnend mit M. Plancks Entdeckung der *Quantentheorie* bis zu Heisenbergs *Unbestimmtheitsrelation* und Bohrs *Begriff der Komplementarität*.

Hier erscheinen nun die alten Gegensätze von „Partikel und Feld", „Teilchen und Welle" oder — um mit L. de Broglie zu sprechen — „Individualität und Wechselwirkung" oder — wenn wir S. Freud zitieren dürfen — dem „Ich und dem Es" in einem Höheren aufgehoben.

Die theoretische Physik redete von den neuen Erkenntnissen in der Sprache einer nichtkommutativen Algebra, oder sie gebrauchte — die Mathematiker und Theoretiker sagen: als anschauliche Darstellung — Tensoren im Hilbertraum. Ich will nicht versuchen, Ihnen zu erklären, was das ist. Es würde Ihnen — und ich glaube, daß der Vergleich nicht ganz oberflächlich ist — ähnlich vorkommen wie ein Gemälde von Picasso, wo Sie z. B. einen Akt „gleichzeitig" von zwei Seiten „sehen", sofern Sie eben sich dieser Art des Sehens nicht einfach verschließen. (Das Letztere ist natürlich immer die einfachste Art, mit neuartigen Problemen fertig zu werden!)

Wesentlich für den neuen Stil der Physik ist die Bemerkung, daß die Frage der klassischen Physik: „Wie oder was *ist* diese Sache?" ersetzt wird durch die — bei genauerem Hinsehen ja auch einzig sinnvolle — Frage der Quantenphysik: „Welche Meßresultate bezüglich dieser oder jener Größe habe ich in einem so und so eingerichteten Experiment zu erwarten?" Beobachter und Objekt stehen nun sozusagen auf derselben Bühne, während man in der klassischen Physik grundsätzlich von der Mitwirkung des Experimentators und seiner Apparatur bei der Messung abstrahieren konnte. In der Sprache der Kantschen Philosophie können wir mit C. F. v. Weizsäcker vielleicht sagen, daß das a priori, aus seiner weltfernen Absolutheit befreit, nun den Charakter eines in Stufen sich wandelnden Werkzeuges der Erkenntnis annimmt.

„Natürliches" und „Menschliches" in der Physik

Wir haben so weit versucht, die drei großen Stufen in der Entwicklung der Physik darzustellen und da und dort ihren Zusammenhang mit der übrigen Historie anzudeuten. Durch diese ganze Studie zog sich immer wieder die — wie gesagt, schon von Schrödinger angeregte — Frage nach dem Verhältnis des objektiv von der Natur Bestimmten zu den — ich möchte sagen — „jeweils historischen" Zügen im Weltbild der Physik. Etwas anders formuliert ist es die Frage: „Was in der Physik ist natürlich und was ist menschlich?"

Versuchen wir, diesen Problemkreis durch einige lose aneinander gereihte Überlegungen *systematischer* Art weiter zu erhellen!

Das Kleine und das Große, Atom und Kosmos

Unsere Forschungsarbeit beginnt weder beim Kleinsten noch beim Größten, sondern in den uns „handlichen" menschlichen Dimensionen. Von dort aus hat man sich mühsam vorgearbeitet; auf der einen Seite bis zu den Dimensionen des Elektrons, das etwa tausend Billionen (d. h. 10^{15}) mal kleiner ist als der Mensch, auf der anderen bis zu den Dimensionen des ganzen Kosmos, der etwa zehn Quadrillionen (d. h. 10^{25}) mal größer ist als ein Mensch. In beiden Fällen erscheint uns dieses Vordringen verbunden mit einem Verlust an „Anschaulichkeit". Das heißt natürlich, daß unsere Anschauung (das Wort in einem ziemlich weiten Sinne genommen) eben nur geeignet ist für den Bereich des täglichen Lebens. Darüber hinaus extrapolieren wir zunächst, d. h. wir probieren, wie weit wir „so weitermachen" können, und dann wandelt sich unvermerkt nicht nur der Bereich der betrachteten Objekte, sondern auch der betrachtende Mensch. Erinnern wir uns nochmals an die Geschichte des Elektrons: Erst dachte man, man könne — um mit Schrödinger zu reden — es betrachten wie „a kloans Kügerl", d. h. wie ein eben äußerst kleines Stückchen gewöhnlicher Materie. Dann versuchte es L. de Broglie in seiner berühmten Dissertation „Ondes et Mouvement" mit einer „naiven" Wellentheorie. Hier konnte man noch mit gutem Gewissen an das alltäglich gewohnte Bild einer Wasserwelle denken. Heute wissen wir, daß keines dieser beiden eben nur für die Alltagssphäre des Menschen geeigneten Bilder allein ausreicht. Das Elektron *ist* keine Partikel und es *ist* keine

Welle. Machen wir aber ein Experiment, das ja letztlich nichts anderes als eine *Frage* in der Sprache des Alltags bedeutet, dann redet das Elektron gezwungenermaßen auch diese Sprache. Wir sagen, es *erscheint* uns als Partikel oder als Welle.

Mit der *Zeit* verhält es sich grundsätzlich nicht viel anders: Was z. B. eine Stunde ist, hat jeder im Gefühl. Die Physiker messen heute Zeiten von weniger als 1 Milliardstel Sekunde, die Astronomen solche von einigen Milliarden Jahren. Und gerade an diesen Grenzen liegen die großen und heute noch keineswegs endgültig geklärten prinzipiellen Probleme der Kernphysik bzw. der Kosmologie; hier fehlen uns zur Zeit noch weitgehend die angemessenen Denkmöglichkeiten.

Naturgesetze und Anfangsbedingungen — Invarianzprinzipien

Solche „menschlichen" Züge der Physik kann man in ihrem Aufbau auch noch an Stellen erkennen, wo man es gar nicht erwartet hätte. Gestehen wir uns zunächst doch ehrlich ein, daß die Physik sich nur beschäftigt mit einem abgetrennten Bereich der Natur, in dem einfache Gesetzmäßigkeiten gelten, die *Naturgesetze.*

Den — vorerst jedenfalls — unentwirrten Rest bezeichnen wir als *Anfangs- oder Grenzbedingungen.* Die letzteren teilen wir wieder in wesentliche und unwesentliche. Für den Ablauf eines Vorganges im Sinne der klassischen Mechanik sind z. B. *wesentlich* die relativen Lagen und Geschwindigkeiten der beteiligten Massen. *Unwesentlich* dagegen ist eine gleichförmig geradlinige Bewegung des ganzen Systems, eine sog. Translationsbewegung. Wir sagen, die Grundgleichungen der klassischen Mechanik sind *invariant* gegen Translationsbewegungen. In diesem Zusammenhang ist es von großer Wichtigkeit, daß z. B. die Translationen zusammen im mathematischen Sinne eine „*Gruppe*" bilden, was insbesondere heißt, daß zwei Translationen, zusammen ausgeführt, wieder eine Translation ergeben.

Solche *Invarianzprinzipe,* zusammen mit den zugehörigen *Grundgleichungen,* führen zu besonders wichtigen Naturgesetzen, den sog. *Erhaltungssätzen;* in unserem Beispiel dem Energie- und Impuls- (bzw. Schwerpunkts-)Satz.

In der modernen Physik spielt die Analyse der grundlegenden *Invarianzprinzipe* eine immer wichtigere Rolle. Zum Beispiel bedeutete es eine grundlegende Einsicht, die mit Recht durch die Verleihung des Nobelpreises ausgezeichnet wurde, als kürzlich zwei chinesische Physiker herausfanden, daß im Bereich der Kernphysik die bisher als selbstverständlich angesehene Invarianz der Grundgesetze der Quantenmechanik gegen die Operation der *Spiegelung* nicht mehr durchgehend erfüllt ist.

Mathematik und Physik

Bei unserer Orientierung in der zunächst ja schrecklich fremdartigen Welt bedienen wir uns seit Pythagoras — und vielleicht schon viel länger — des Werkzeuges der *Mathematik.* Für den Laien bedeuten *Mathematik* und *Physik* meist ungefähr dasselbe. Diese Meinung ist völlig verkehrt. Die *Mathematik* ist eine *freie Erfindung des menschlichen Geistes.* Es ist Euklids einzigartige Leistung, sie als solche hingestellt zu haben. In freiem Fluge darf der Mathematiker seinen Geist erheben. In der Geometrie erfindet er Welten, in denen zwei Parallelen sich schneiden oder nicht schneiden, in denen es Punkte gibt oder keine Punkte gibt. In der Algebra kennt er Zahlenkörper, in denen a·b gleich b·a oder nicht gleich b·a ist usw.

Das Schaffen des Mathematikers hat so weit eine gewisse Verwandtschaft mit dem des Künstlers: Beide entspringen frei dem Inneren des Menschen; beide erkennen gewisse innere Bindungen an.

Aber in einer Hinsicht hat es der Mathematiker vielleicht schwerer: Seine Phantasie zügelt von A bis Z ein Schreckgespenst, vergleichbar der Chimaira der Alten; nämlich: es könnte in dem ganzen Gedankengebäude ein *innerer Widerspruch* stecken. Ich fühle mich nicht kompetent, ein so schreckliches Gespenst zu beschwören; einen sehr tiefgründigen Versuch, es an die Kette zu legen, hat Herr Kollege P. Lorenzen gemacht.

Der Physiker findet nun — das ist ja sein eigentliches Geschäft — in der Natur Bereiche, die er *mathematisch* beschreiben kann. (Wir kehren damit zu unseren vorigen Überlegungen noch einmal von einer etwas anderen Seite her zurück.) Unter Verwendung der von den Mathematikern (manchmal auch von ihm selbst) frei erfundenen Gedankengebilde konstruiert der Physiker Scharen *möglicher* Ereignisse und sogar *möglicher* Welten. Wie ein Reigen wesenloser Schatten stehen alle diese gedachten Ereignisse und Dinge vor seinem Geiste. Was *wirklich* geschieht und wird, darüber entscheiden in der Sphäre der *Wirklichkeit* die dort *realisierten Anfangsbedingungen.*
Warum funktioniert dieses höchst merkwürdige Verfahren? (Primitiven Völkern z. B. erscheint es viel einleuchtender, jedes interessierende Ereignis als die persönlich-spontane Entscheidung irgendeines Dämons zu interpretieren.) Zahlreiche metaphysische Hypothesen sind zu seiner Erklärung erdacht worden. Wir wollen ihre Zahl nicht vermehren, sondern uns nur ein Stückweit Klarheit darüber verschaffen, was wir Wissenschaftler *tun.*

Zusammenfassend bemerken wir zunächst mit einem Rückblick auf unsere historischen Betrachtungen, daß beide, die „frei schöpferische" wie die „naturgebundene" Seite der Wissenschaft, sich im Laufe der Geschichte gewandelt haben. Manchmal — z. B. bei Newtons Mechanik — machte die empirische Analyse der Naturerscheinungen den Anfang; in anderen Fällen — z. B. bei Diracs Theorie des Elektrons — ging kühne mathematische Spekulation voran.

Den Fortgang der Forschung dürfen wir wohl — mit einem Minimum an Metaphysik — etwa folgendermaßen beschreiben: Zu jeder Zeit betrachtet der Mensch einen gewissen Bereich von Erscheinungen in „seinem" Sinne als „verstanden". Das „Ich" hat sich einen Bereich des „Es" erschlossen. Dieser Bereich wird später die Domäne der Schulgelehrsamkeit, der Dogmen, der Handbücher. Aber unversehens melden sich Phänomene, die mit den überkommenen Methoden gar nicht zu verstehen sind; oder durch einen Spalt in der Theorie grinst hohnlachend das Gespenst des inneren Widerspruchs. Solche *Grenzsituationen* bringen uns zum Bewußtsein, daß jenseits des wenigen Erkannten ein ungeheures Meer des Unerkannten sich in dunkle Fernen erstreckt. Und solche Situationen charakterisieren — nun historisch gesehen — die großen Wendepunkte der Wissenschaft und gleichzeitig des Geistes. Ihre Bewältigung erfordert stets einen irrationalen Akt der „Erleuchtung", in dem ein unbekanntes Objekt plötzlich sich einem gewandelten Subjekt erschließt. Um mit Pascal zu reden: Hier braucht es nicht nur „l'esprit de la géometrie", hier bedarf es des feineren und selteneren „esprit de la finesse". Bei der Diskussion um solche Probleme geht es meist wie jenen zwei Jungen mit dem Fahrrad! Der eine sagte: „Wenn ich fahren soll, muß ich erst drauf sitzen, und wenn ich drauf sitze, falle ich um; mit dem Ding kann man nie fahren." Der andere stieg auf und fuhr weg.

Wir sprachen bisher fast ausschließlich von Physik und — hauptsächlich im Hinblick auf ihre Anwendung — Mathematik. Es erscheint an dieser Stelle angebracht, unseren Gesichtskreis noch etwas zu erweitern.

Andere Wissenschaften

Ausgehend von der *Physik*, die nun auf einmal *nur* die Wissenschaft von der toten Materie wird, werfen wir en passant einen kurzen Blick auf die *Biologie*, die Wissenschaft vom Lebendigen (einschließlich der Medizin), dann auf die Wissenschaft von der *Seele*, vom *Geist* und schließlich die *Theologie*, die Wissenschaft vom *Göttlichen*.

Jede dieser Gruppen hat ihre eigenen Begriffe und Kategorien. Sie hängen untereinander zusammen, aber sie sind doch

10

so verschieden, daß einer der bedeutendsten neueren Philosophen, Nicolai Hartmann, glaubte, direkt von verschiedenen *„Schichten des Seins"* sprechen zu müssen. Die aktive Forschung hat solche Grenzen nie allzu ernst genommen. Statt allgemeiner Erörterungen einige Beispiele: Eine *Pflanze* — daran zweifelt keiner — „lebt". Aus einem Samen ist sie, wie nach einem vorbestimmten Plan, gewachsen. Sie kann nur leben, weil ihre Teile sinnvoll zusammenarbeiten. Und eines Tages wird sie Samen ausstreuen, aus denen wieder Pflanzen derselben Art hervorgehen. Oder beobachten Sie unter dem Mikroskop, wie ein Salz aus*kristallisiert:* „Wie lebendig" fügt sich Molekül an Molekül zu der schon bekannten *Kristallform;* aber der Kristall *ist* nicht lebendig. Studiert man unter dem Elektronenmikroskop die *Viren,* so erkennt man *Kristallgebäude* von unwahrscheinlich kunstvoller Architektur, die — unter bestimmten Bedingungen — wieder neue Gebilde derselben Struktur entstehen lassen.

Jedem, der nicht metaphysisch von vornherein festgelegt ist und der etwas wissenschaftliche Phantasie besitzt, dürfte klar sein, daß z. B. die Grenze zwischen Lebendem und Totem immer weiter zusammenschrumpfen wird. Sie ist keine Grenze des Seins, sondern des *Erkennens.* Das menschliche Erkennen hat sich von Anfang an nicht eingleisig entwickelt, sondern *mehrgleisig.* Der einfache Mensch benützt — zunächst ohne viel grundsätzliche Skrupel — andere Denkformen und -methoden, wenn er es einmal z. B. mit seinem Webstuhl zu tun hat und dann mit seinem Pferd. Das aber sind — bei Licht betrachtet — die Elemente des physikalischen bzw. des biologischen Denkens! Ich will mir analoge Erörterungen über seelische und geistige Probleme versagen und versuche gleich einen Schritt weiter zu gehen: Die Frage, *wie* die aus ganz verschiedenen Bereichen des Erkennens und Handelns her stammenden Ansätze — entsprechend dem, was bei N. Hartmann als „Schichten des Seins" auftritt — zusammenzufügen sind, diese Frage kann offenbar gar nicht von vornherein geklärt werden; da gibt es nur das eine alte Rezept: *„Solvitur ambulando",* wozu Eddington gelegent-

lich in seiner witzigen Art bemerkte, er sei zwar nicht so ganz
sicher wegen des „solvitur", aber jedenfalls bezüglich des „ambulando"! Daß damit die Möglichkeit naturphilosophischer
Systeme alten Stils entschieden verneint ist, dürfte heute kaum
noch jemand bedauern.

Wissenschaftliche Forschung und menschliche Bildung

Von unserer Rundreise durch mannigfache Bereiche und Aspekte
der Physik (und anderer Wissenschaften) kehren wir zurück zu
unserer Ausgangsfrage nach dem Verhältnis der Physik und
überhaupt unserer Erkenntnis des *„Gegebenen"* zur menschlichen
Entwicklung und Spontaneität — deren Darstellung ja den
wesentlichen Teil der Historie ausmacht —; sagen wir kurz:
zum *„Menschlichen"*.

Wir können das Ergebnis unserer Erörterungen in wenigen
Worten zusammenfassen:

*Die Wissenschaft ist eine Wissenschaft von Menschen und
für Menschen* und nichts weiter.

In methodischer Hinsicht erkannten wir, daß die Wissenschaft — entgegen dem harmlosen Glauben der Aufklärung —
eine ganze Anzahl nicht weiter analysierbarer Elemente enthält, die mit anderen historisch-menschlichen Dingen zusammenhängen. So wird der Einbau der Physik und anderer Wissenschaften in die Geschichte verständlich.

Den historischen Prozeß der fortschreitenden Erkenntnis
interpretieren wir als eine „Eindeichung" jeweils neuer Bereiche
des bis dahin Unerkannten und wissenschaftlich Unzugänglichen
mit Hilfe neuer Begriffs- und Erkenntnis-Schemata in den seltenen Erlebnissen einer genialen Intuition. Diese enthält — vom
Standpunkt des Zeitgenossen aus gesehen — stets ein mehr oder
weniger irrationales Element; ihre Rechtfertigung kann sie erst
hinterher vom Standpunkt des neu gewonnenen Aspektes aus
erfahren. Die großen Forscher haben diesen ausgesprochen irra-

tionalen Akt zu allen Zeiten als eine Berührung mit dem Göttlichen empfunden.

Das Wesentliche am „Fortschritt der Wissenschaft" — um etwas abgegriffene Worte zu gebrauchen — sind also nicht so sehr die *erkannten Sachen*, als vielmehr die *Bildung der Menschen zu neuen Formen und Möglichkeiten des Erkennens und Handelns*, die ihnen neue Bereiche aus dem Okeanos des Unerforschten erschließen.

Sollte einmal ein Atomkrieg die gesamte Menschheit vernichten, so werden die — wie man so schön sagt — „erhabenen und ewigen Werke des Geistes" in unseren Bibliotheken für die vielleicht übrig gebliebenen Ameisen nur noch als Material für den Nestbau verwendbar sein.

Die erwähnte Heranbildung von Menschen zu neuen geistigen Formen ist aber von Bedeutung nicht nur für die Erkenntnis der Außenwelt; diese erhalten ihren vollen Sinn erst dadurch, daß sie zugleich der gegenseitigen Verständigung mindestens einer Gruppe von Menschen untereinander dienen. Nur in einer solchen kann es ja das Phänomen einer Wissenschaft überhaupt geben.

Und blicken wir noch in etwas weiteren Kreisen umher, so wird uns klar: Das, was wir zuerst — eben besonders deutlich und leicht — im Bereich der Wissenschaft herausanalysiert haben, sind im Grunde allgemein bekannte *menschliche* Phänomene.

Eine Gruppe von Menschen kann überhaupt nur so existieren bzw. sie kommt eben dadurch zustande, daß sie als gemeinsamen geistigen Besitz eine gemeinsame geistige Formensprache hat. Ganz frei gestaltete Formen in „ihrer" Kunst; an das Gesetz der Widerspruchsfreiheit gebundene Formen in der Mathematik. Wieder andere Formenelemente gestalten das politische und gesellschaftliche Leben usw. Alle diese Formen sind nicht nur statisch vorhanden, sondern sie haben — wie gesagt — auch die Funktion einer „Sprache"; also etwas, was man übrigens im Bereich einer „Theorie menschlicher Partikel" nicht einmal wirklich formulieren kann.

Hier finden wir wieder, selten, über die Zeiten verstreut, einzelne Akte der Intuition großer Menschen, mit denen eine neue Stufe zwischenmenschlicher Beziehungen und zwischenmenschlichen Handelns erklommen wird.

Auch in den Wechselbeziehungen der Menschen untereinander — ebenso wie gegenüber der unbelebten Natur — entspringt wesentlich Neues, ein wirklicher Fortschritt, nur in rational (im üblichen Sinne) nicht ganz zu erfassenden Akten einer intensiven *Hinwendung*.

Probleme unserer Zeit

Die großen Schwierigkeiten unserer Zeit haben im Grunde alle *einen* gemeinsamen Ausgangspunkt: Mit den beispiellosen Fortschritten in der Erkenntnis der Natur und ihrer technischen Verwertung hat die Entwicklung der zwischenmenschlichen Beziehungen nicht Schritt gehalten. Es erscheint heute fast leichter, eine Versammlung von Tausenden von Menschen mit Dutzenden von Lautsprechern zu „bearbeiten", als einmal mit Herrn A. oder B. „ein vernünftiges Wort zu reden". Täglich spucken uns Maschinen aller Art Erlasse, Sensationen, Fragebogen und weiß was entgegen. Was an menschlichem Denken und Empfinden daran haftet, ist meist weniger als der Geruch der Druckerschwärze. Diese Elephantiasis des äußeren Lebens ist merkwürdigerweise wieder verknüpft mit einer geistigen Atomisierung: Man klagt über die Einsamkeit des Großstadtmenschen inmitten von Fernsehen, Radio und anderem raffiniertesten Nachrichtengerät.

Wie sollen wir diese Probleme angreifen? Die Weisen im alten China pflegten zu sagen: „Wenn es dem Lande schlecht geht, so liegt das daran, daß der Kaiser die falschen Begriffe hat."

In unserer modernen Welt ist die Sache ähnlich, aber doch etwas komplizierter.

Die Physik und in ihrem Gefolge viele andere Wissenschaften und die Technik haben — wie wir sahen — seit dem Anfang unseres Jahrhunderts in unerhörtem Schwung eine ganz neuartige Begriffswelt, neue Formen ihres Denkens und Handelns geschaffen.

In keinem Bereich zwischenmenschlicher Beziehungen, sei es Politik, Erziehung oder kirchliches Leben — das müssen wir doch ganz offen zugeben — ist etwas einigermaßen Vergleichbares geschehen.

Wenn wir hier weiterkommen wollen, so kann uns dabei die philosophisch-historische Analyse der Physik wichtige Hinweise geben. Zunächst einmal ist offenbar mit einem Weiterflicken im Stil überkommener Schemata — so wie es viele Physiker in ihrer Wissenschaft um die Jahrhundertwende ja auch zunächst versucht haben — bestimmt nichts zu erreichen. Wesentlich — das haben wir doch hoffentlich gelernt — ist zuerst der Mut, Neues als neu zu erkennen. Die Entstehung der zugehörigen neuen Denkformen aber, die zuerst stets noch den Charakter unbewiesener Arbeitshypothesen haben werden, ist wohl nicht *nur* eine Frage menschlichen Bemühens. Aber vielleicht dürfen wir *auch* hier hoffen: „Wer immer strebend sich bemüht..."

Denken Sie nicht, bei der geschilderten Entwicklung der Wissenschaft sei es ohne erhebliche Kämpfe und viel Scherben abgegangen. Noch in den dreißiger Jahren bis in die Zeit des zweiten Weltkrieges hinein versuchte z. B. in Deutschland eine Gruppe von Wissenschaftlern, zu der auch zwei ehemalige Nobelpreisträger gehörten, mit Hilfe der Machtmittel des „Tausendjährigen" Reiches die ihnen unverständlichen Neuschöpfungen der Relativitätstheorie und der Quantentheorie durch die stupide Senilität ihrer „Deutschen Physik" zu verdrängen.

Niemand wird erwarten, daß grundsätzliche Auseinandersetzungen auf dem Gebiet der Politik und z. B. über pädagogische oder religiöse Probleme wesentlich ruhiger verlaufen sollten.

Knüpfen wir zum Schluß noch einmal an den Anfang unserer Betrachtungen an, an die grauenvollen Aspekte moderner und modernster Technik in den Händen von Menschen bzw. — man kann eigentlich nur sagen — Gehirnen ohne schöpferischen Geist, ohne „esprit de la finesse". Auf die — leider keineswegs utopische — Möglichkeit einer Vernichtung alles höheren Lebens auf der gesamten Erde ist oft genug hingewiesen worden.

Ich kann Ihnen kein *Rezept* zur Behebung der angedeuteten — im Rahmen konventionellen Denkens ausweglos erscheinenden — Schwierigkeiten geben. Ich glaube auch nicht, daß es ein solches Rezept gibt. Aber jedes wahrhaft menschliche Handeln geht aus von einer *Erkenntnis,* von einer *Einsicht.* Und da hoffe ich wenigstens, Ihnen etwas mitgeben zu können: In jedem eigentlich historischen Geschehen, d. h. dem Hervortreten neuer Formen in den großen Epochen der Wissenschaft und der Technik wie auch der Gestaltung zwischenmenschlicher Beziehungen, tritt ein *geistiger Prozeß* zutage. Dessen Wesen können wir nur ahnen. Es ist in allen Bereichen menschlichen Erkennens und Handelns im Grunde das gleiche. Wir nennen es *Einfühlung* oder — wenn ich so sagen darf — *Liebe.*

Darin liegt zugleich eine Aufforderung, die eben *nicht* anfängt mit großen Programmen, sondern mit den Kleinigkeiten des täglichen Lebens, in Laboratorium und Werkstatt, Büro und Straße. Fragen Sie mich weiter, so kann ich Ihnen nur sagen (Joh. 3, 8):

„Der Wind bläset, wo er will, und du hörest sein Sausen wohl; aber du weißt nicht, von wannen er kommt, und wohin er fährt. Also ist ein Jeglicher, der aus dem Geist geboren ist."

Max Planck

Rede zur Enthüllung des Kieler Max-Planck-
Denkmals am 23. April 1958

Am 100. Geburtstag Max Plancks heiße ich Sie herzlich will-
kommen namens der Christian-Albrechts-Universität, der Stadt
Kiel und der Universitätsgesellschaft. Wir sind zusammen-
gekommen, um das Andenken des großen Forschers und Den-
kers an der Stelle, wo er geboren ist, durch die Errichtung eines
Denkmals zu ehren.

Der flüchtige Beschauer mag darin zunächst nur eine Zierde
der Stadt sehen. Wer sich etwas mehr Zeit nimmt, fühlt sich
vielleicht an den Glauben der Hellenen erinnert, daß auf einem
solchen Denkmal sich gerne die Seele des großen Toten nieder-
lasse. Und zu günstiger Stunde mag diese wie ein guter Freund
zu ihm reden von dem hohen Glück, die Geheimnisse der Natur
zu ergründen, und von dem furchtbaren Unglück, das politische
Beschränktheit und Unduldsamkeit dem großen Gelehrten und
seinem Vaterlande gebracht haben.

Lassen Sie mich zunächst denen danken, die mitgeholfen
haben, das Andenken Max Plancks, des großen Ehrenbürgers
unserer Stadt und des ersten Ehrensenators unserer Universität,
in so schöner Weise zu pflegen.

Es ist mir eine Freude, dem Schöpfer des Denkmals, Herrn
Bildhauer E. Scheerer, unseren Dank auszusprechen. Ich bin
sicher, daß Max Planck sich über den schönen Stein aus dem
Heimatlande seiner Vorfahren besonders gefreut hätte. *Wir* dür-

fen uns doch auch darüber freuen, daß das gewichtige Werk tatsächlich zu diesem hohen Feiertage aufgestellt werden konnte. Ich danke sodann Frau Minister Dr. Ohnesorge für die freundliche Anteilnahme, die sie durch ihr Erscheinen bekundet. Bei Herrn Stadtpräsident Dr. Sievers, Herrn Oberbürgermeister Dr. Müthling und allen Gremien der Stadt, insbesondere durch Herrn Stadtschulrat Dr. Hoffmann und seine unermüdlichen Mitarbeiter, fand der Plan in verschiedenster Hinsicht ebenso eifrige wie verständnisvolle Förderung. Herr Massmann als Präsident der Universitätsgesellschaft und Direktor der Landesbank und Girozentrale hat durch seine unermüdliche Hilfe und Mitwirkung den ganzen Plan eines Max-Planck-Denkmals für Kiel überhaupt erst möglich gemacht.

Den Genannten und vielen anderen, die ich nicht alle erwähnen konnte, gilt — ich darf das zusammenfassend nochmals sagen — unser herzlichster Dank.

Als Max Planck im Januar 1944 zuletzt in Kiel war und ich ihn abends vom Institut für Weltwirtschaft — in dessen Hörsaal er gesprochen hatte — durch die schon stark zerstörte Stadt ins Hotel brachte, meinte er: „Ach, wie freue ich mich, mein liebes Kiel noch einmal zu sehen." Hier war er ja am 23. April 1858 als sechstes Kind des Professors der Rechte Johann Julius Wilhelm Planck geboren, und hier hatte er 1885—1889 als Professor der Theoretischen Physik an der Christian-Albrechts-Universität gewirkt bis zu seiner Berufung an die Universität Berlin, wo ihm dann 1900 die fundamentale Entdeckung des *„Elementarquantums h"* gelang.

Die Familie Planck hat im Laufe der Zeiten eine große Anzahl bedeutender Köpfe hervorgebracht; an Zähigkeit und Gründlichkeit hat keiner dem anderen etwas nachgegeben. Im Schwabenland wirkte im vorigen Jahrhundert der Philosoph Karl Christian Planck und bis in unsere Zeit die Frauenrechtlerin Mathilde Planck. Den Schritt nach Norden tat der Theologieprofessor Gottlieb Jakob Planck, der Urgroßvater von Max Planck, als er 1784 von Stuttgart nach Göttingen übersiedelte.

Aus dem Göttinger Zweig der Familie Planck ist eine Reihe bedeutender Juristen hervorgegangen: Gottlieb Planck wurde einer der Begründer des deutschen Bürgerlichen Gesetzbuches. Max Plancks Vater, Johann Julius Wilhelm Planck, war — wie ich schon sagte — in Kiel und später in München Professor des Zivilprozeßrechtes.

So viel zum Historischen. Aber — so werden Sie fragen — hat das überhaupt etwas zu tun mit Max Plancks entscheidender Entdeckung

$$h = 6,62 \cdot 10^{-27} \, \text{erg} \cdot \text{sec},$$

wie es in lapidarer Deutlichkeit auf unserem Denkmal heißt? Ist dies nicht — wie man zu sagen pflegt — ein „ehernes Gesetz der Natur", das in seiner „unmenschlichen Abstraktheit" aller historischen Entwicklung, ja allem „Menschlichen" denkbar fern steht?

Erst die neuere Entwicklung der Quantentheorie und ihre philosophische Deutung haben uns daran erinnert, daß auch die Naturwissenschaft eine Wissenschaft von und für Menschen ist. Gerade die endliche Größe des Planckschen Elementarquantums h ist wesentlich dafür verantwortlich, daß eine völlige Trennung von untersuchtem Objekt und untersuchendem Subjekt nicht möglich ist. So dämmert uns die Erkenntnis auf, daß in der Entwicklung der Physik das Wesentliche gar nicht die Auffindung und Anhäufung immer weiterer Tatsachen ist. Das Entscheidende in der Geschichte der Physik und das, was ihre großen Wendepunkte auszeichnet, ist vielmehr die *Auffindung neuer Denkformen*, die es jeweils gestatten, neue Erfahrungstatsachen dem Gebäude der Wissenschaft einzugliedern.

Der Künstler ist weitgehend frei in der Erfindung „seiner" Formensprache. Der Mathematiker ist schon an die Grundgesetze seiner Disziplin gebunden, deren Formulierung freilich gerade zu deren prekärsten Problemen gehört. Der Physiker und der Naturwissenschaftler schließlich steht vor der Aufgabe, sich von dem winzigen Bereich des Erkannten aus immer weiter in das unendliche Meer des Unerkannten hinauszuwagen und dabei sich immer neue Werkzeuge zu dessen Bewältigung — sozusagen mit Bordmitteln — zu schaffen. Dazu gehört viel Phantasie! So verstehen Sie, daß der Physiker stets gerne auf die luftigeren Gedankenschöpfungen des Mathematikers zurückgreift und daß ihm sogar eigentlich künstlerische Ideen von der Schönheit der Natur und von der Harmonie des Weltalls auch in seiner fachlichen Arbeit keineswegs fremd zu sein brauchen. Grenzen im Reiche des Geistes gibt es nur für begrenzte Geister! Sie wissen wohl, daß — beiläufig bemerkt — Max Planck es sich s. Z. ernsthaft überlegt hat, ob er Musiker werden solle!

Lassen Sie mich diesen Entwurf nun etwas genauer ausführen durch einen kurzen Rückblick in die *Geschichte* der Physik.

Als erster Zweig der Physik hatte sich im 17. Jahrhundert die *Mechanik* entwickelt und mit I. Newtons „Philosophiae naturalis principia mathematica" 1687 schon weitgehend ihre abschließende Gestalt erhalten. Da ist zunächst die Rede von Massenpunkten. Sie haben etwas vom Charakter Leibnizscher Monaden. Jeder ist ein Individuum für sich. Daß sie voneinander Notiz nehmen — wenn ich so sagen darf —, wird mit Hilfe des ganz neuartigen und sehr problematischen Begriffs der „Kräfte" erklärt. Die Wechselwirkung der Massenpunkte (z. B. der Himmelskörper) wird auf deren Potentiale zurückgeführt; in die Bewegungsgleichungen gehen deren Differentialquotienten ein. Das müßte man anschaulich schon dahingehend interpretieren, daß der Massenpunkt auch etwas von dem Potential in seiner Nachbarschaft „weiß". Ich habe absichtlich die „merkwürdigen" Züge der Newtonschen Physik etwas betont, um Ihnen deutlich zu machen, wie sehr „Anschaulichkeit" einfach gleichbedeutend ist mit Gewöhnung!

Ganz andere und neuartige Begriffsbildungen kamen in die Physik hinein, als um die Mitte des vorigen Jahrhunderts M. Faraday und dann I. C. Maxwell im Bereich der Elektrizität und des Magnetismus begannen, von elektromagnetischen Feldern und deren Spannungen zu sprechen, so daß nun z. B. die elektrischen Ladungen als Quellen bzw. Singularitäten der Fel-

der aufgefaßt wurden. Der damit geschaffene Typus einer Nahe-
wirkungstheorie bzw. einer Feldtheorie — wie wir heute besser
sagen — konnte seitdem auf andere Disziplinen übertragen
werden. Es genüge hier, auf A. Einsteins Gravitationstheorie,
die sog. allgemeine Relativitätstheorie, hinzuweisen.

Zwischen den beiden so völlig verschiedenen Gruppen physikalischer Theorien bildete lange Zeit die einzige Brücke die
durch ihren sehr formalen Charakter dazu befähigte *Thermodynamik*. Ausgehend von den zunächst noch ganz einfachen Erkenntnissen der Wärmelehre, hatte sie sich seit der Mitte des
vorigen Jahrhunderts zu einer höchst abstrakten, aber dafür auf
einen fast unbegrenzten Kreis von Erscheinungen anwendbaren
Disziplin entwickelt, deren Gerüst ihre drei Hauptsätze, der
Energiesatz, der Entropiesatz und — später hinzugekommen —
das Nernstsche Wärmetheorem, bildeten.

In diesem Bereich bewegten sich die ganzen Arbeiten Max
Plancks in seinen jüngeren Jahren. Aus seinen *Kieler* Jahren
insbesondere stammt die Schrift über „Das Prinzip der Erhaltung der Energie“, hervorgegangen aus einem Preisausschreiben
der Göttinger Philosophischen Fakultät vom Jahre 1887. „Über
den zweiten Hauptsatz der mechanischen Wärmetheorie“, d. h.
den Entropiesatz, hatte Planck schon 1879 in München seine
Doktordissertation geschrieben.

Diese Dinge hatten in den neunziger Jahren einen gewissen
Abschluß erreicht. Die große Lücke im Gebäude der Physik, wo
die starre Welt der Lehr- und Handbücher angrenzt an den stür-
mischen Ozean des Unerforschten, diese lag damals in einem
Arbeitsgebiet, das in experimenteller wie theoretischer Hinsicht
besondere Schwierigkeiten bot, nämlich der Theorie der *Wärmestrahlung*. Das Problem, zu dessen Lösung schon G. Kirchhoff
(1860), L. Boltzmann (1884) und W. Wien (1893) beachtliche
Beiträge geliefert hatten, ist folgendes: Betrachten wir einen
irgendwie beschaffenen Hohlraum, dessen Wände eine bestimmte, konstante Temperatur T haben, so werden diese ständig Wärmestrahlung einerseits aussenden und andererseits auch

absorbieren, so daß diese beiden Vorgänge sich gerade die Waage halten. Wir sagen: Es herrscht *thermodynamisches Gleichgewicht.* Damit dieses bestehen kann, muß im Innern des Hohlraumes ein ganz bestimmtes Strahlungsfeld vorhanden sein; man nennt dieses die *Hohlraumstrahlung.* Man kann sie messen, indem man — nach dem Vorgang von W. Wien — den Hohlraum durch eine kleine Öffnung sozusagen anzapft. Und die Frage war nun, wie man die gemessene spektrale Energieverteilung theoretisch deuten könne. Genauer gesagt, kommt es offenbar auf die *Wahrscheinlichkeit* verschiedener Strahlungszustände oder — in der Sprache der Thermodynamik — auf deren *Entropie* an. Welches sind die Regeln des Würfelspieles, das den Energieaustausch zwischen dem Hohlraumstrahlungsfeld und der Materie — z. B. der umgebenden Wände — regelt? Die Antwort auf diese Frage, welche Max Planck am 14. XII. 1900 der Deutschen Physikalischen Gesellschaft in Berlin vortrug, enthielt die grundlegend neue Hypothese, daß der Energieaustausch zwischen Strahlung und Materie nicht stetig, sondern unstetig in Form diskreter Energie*quanten* erfolge, deren Größe durch die neue Naturkonstante $h = 6{,}62 \cdot 10^{-27}$ erg·sec bestimmt sei. Ich kann Ihnen hier die mathematische Seite von Plancks Entdeckung natürlich nur in sehr beschränktem Maß erörtern. Vielleicht ist es aber auch wichtiger, bei dieser Gelegenheit einmal den geistigen Vorgang einer solchen Entdeckung deutlich zu machen: Den Ausgangspunkt von Plancks Rechnungen bildeten die Newtonsche Mechanik und die Faraday-Maxwellsche Theorie der Elektrodynamik. Die Anwendung dieser beiden durch das Experiment bis dahin bestens bestätigten Theorien auf die Physik der Hohlraumstrahlung führte nun zu Aussagen, welche schon deren elementarsten Grundprinzipien stracks zuwider liefen. Wundert es Sie, daß Planck sich zunächst vorkam wie einer, dem der Boden unter den Füßen schwindet, und daß er jahrelang versuchte, sozusagen seine eigene Entdeckung überflüssig zu machen und wieder auf den „sicheren Grund" der klassischen Physik zurückzukehren? Viele Jahre danach hat

Niels Bohr, nachdem er auf dem Boden der Quantentheorie die moderne Physik des Atombaues geschaffen hatte, einmal geäußert, bei seinen wichtigen Entdeckungen sei er sich immer ein bißchen wie ein Hochstapler vorgekommen!

Als erster hatte A. Einstein den Mut, das Neue in Plancks Entdeckung noch schärfer, aber auch noch paradoxer zu formulieren in seinen Untersuchungen über die Quantenstruktur der Strahlung und die quantenhafte Wechselwirkung zwischen Strahlung und Materie. 1913 verknüpfte — wie schon angedeutet — Niels Bohr die Quantentheorie mit E. Rutherfords Untersuchungen über den Bau der Atome und schuf so die Grundlagen der modernen Atomphysik.

Erst 1925 aber gelang es dann — die Vorgeschichte würde ein dickes Buch füllen — W. Heisenberg, L. de Broglie, E. Schrödinger und P. A. M. Dirac, eine in sich konsequente *Quantenmechanik* zu entwickeln, deren anschauliche (wenn man so sagen darf) und philosophische Interpretation möglich wurde auf dem Boden der Heisenbergschen „*Ungenauigkeitsrelation*" und des von N. Bohr geschaffenen Begriffes der „*Komplementarität*".

Hier wird nun klar, was die Entdeckung der Quantentheorie eigentlich bedeutet, nämlich das Heraufkommen einer ganz neuen Art des Denkens, zunächst einmal in der Physik. Statt allgemeiner Erörterungen ein Beispiel! Die klassische Optik bzw. Maxwells elektromagnetische Lichttheorie erklärten: Das Licht ist eine elektromagnetische *Welle*. Konnte man daran angesichts des erdrückenden Beweismaterials der ganzen Interferenz- und Beugungsversuche überhaupt noch zweifeln? Es gehörte — wenn ich so sagen darf — schon ein gutes Stück Unverfrorenheit dazu, als A. Einstein 1905 erklärte: Nein, das Licht besteht aus *Quanten*, aus kleinen Lichtpartikeln der Energie hν, wo aber ν die ja nur im Rahmen der „Konkurrenz"-Theorie der elektromagnetischen Wellen überhaupt sinnvolle Schwingungsfrequenz bedeutet. Als Begründung konnte *Einstein* auf den Photoeffekt, auf die quantenhaften Schwankungserscheinungen der Hohlraumstrahlung etc. verweisen, insgesamt ein Beobachtungsmaterial, das dem der Beugungs-etc.-Versuche an Gewicht nichts nachgab.

Ich habe mir gelegentlich auszumalen versucht, was die Juristen oder Politiker in einer analogen Situation gemacht hätten. Aber ich will davon lieber nicht sprechen und kurz auseinanderzusetzen versuchen, wie die Physiker mit dem angedeuteten Dilemma fertig geworden sind. Unsere heutige Vorstellung ist die folgende: Was Licht ist (und auch, was z. B. ein Elektron ist), können wir mit Hilfe der der „anschaulichen" Welt unseres täglichen Umganges mit makroskopischen (d. h. greifbaren) Gebilden entnommenen Bilder der *„Welle"* bzw. des *„Teilchens"* nur in gewissen *Grenzfällen* beschreiben. Daß in der Anwendung dieser beiden zueinander „komplementären" *Bilder* auf *wirkliche* Objekte keine Widersprüche entstehen, dafür sorgt die prinzipielle Begrenzung unserer Meß-Möglichkeiten durch die *Heisenbergsche Ungenauigkeitsrelation* bzw. die darin vorkommende *endliche* Größe des Planckschen Wirkungsquantums h. Falsch war es, zu sagen: Das Licht *ist* eine Welle oder es *ist* eine Partikel. Zulässig bleibt es, zu sagen: Wenn ich dieses ganz bestimmte Experiment mache, so verhält sich bzw. *erscheint* mir das Licht als eine Welle bzw. als eine Partikel. In der mathematischen Beschreibung kann man diesen Sachverhalt z. B. ausdrücken, indem man die Amplituden der Wellen nicht mehr als gewöhnliche Zahlen, sondern als nichtkommutative Zahlen ganz bestimmter Art anschreibt. Dies sind also Zahlen, für welche das — grundsätzlich in keiner Weise ausgezeichnete — Vertauschungsgesetz ab = ba durch eine allgemeinere Relation ersetzt ist.

Es ist kaum anzunehmen, daß die durch Plancks Entdeckung angestoßene Entwicklung neuartiger Denkformen schon abgeschlossen ist. Insbesondere die Erforschung der allmählich fast beängstigenden Mannigfaltigkeit der Elementarteilchen, der positiven und negativen Elektronen, Protonen, Mesonen, Hyperonen usw. und ihre theoretische Deutung, in der neuestens Heisenberg offenbar grundsätzliche Fortschritte erzielen konnte, dürfte nicht ohne Rückwirkungen auf die Grund-Konzeptionen der Physik bleiben.

Die großen Umwälzungen der Physik aber sind — das möchte ich noch einmal deutlich herausstellen — in erster Linie *geistige Prozesse*, bei denen der Mensch in enger Fühlungnahme mit der Natur, zunächst in einem merkwürdigen Akt der Intuition, eine neue Stufe im Erfassen der ihm ja ursprünglich nur als ein formloses Ungeheuer gegenüberstehenden *Wirklichkeit* erklimmt. Daß eine solche Änderung, erst nur in *einem* Genie, später in mehr und mehr Menschen, auch auf andere Gebiete des Erkennens und Wirkens hinübergreift, von der Technik bis zur Religion, wird Sie nun nicht mehr wundern.

Wohin diese Entwicklung einmal führen wird, weiß niemand. Sicher aber wird ihr Verlauf — zum Segen oder zum Fluch der Menschheit — wesentlich davon abhängen, ob wir — angefangen von den kleinsten Fragen des täglichen Lebens bis zu den schwierigsten Problemen der großen Politik — einerseits ebenso einfach und bescheiden und andererseits ebenso vorurteilslos und rücksichtslos gegen die Faulheit überkommener Denkgewohnheiten sind wie der Begründer der Physik unseres Jahrhunderts:

Max Planck.

Abb. 1. Jahns Hof am kleinen Kiel, die Geburtsstätte Max Plancks (nach einer zeitgenössischen Darstellung)

Heinrich Hertz in Kiel

Zum hundertsten Geburtstag des Entdeckers
der elektromagnetischen Wellen am 22. Februar 1957

Die Physiker und Ingenieure der ganzen Welt gedenken am
22. Februar des großen Mannes, der 1888 mit der Entdeckung
der *elektromagnetischen Wellen* der Maxwellschen Theorie der
Elektrizität endgültig zum Siege verholfen und in Verbindung
mit dieser vertieften Einsicht in das Wesen elektromagnetischer
Vorgänge die Grundlagen für die spätere technische Entwicklung
der drahtlosen Telegraphie, des Rundfunks und des Fernsehens
geschaffen hat. Wir verdanken Heinrich Hertz weiterhin den
Anstoß zur Entdeckung des lichtelektrischen Effektes und wichtige Erkenntnisse über die freien Elektronen in Kathodenstrah-
len wie über den Durchgang der Elektrizität durch Gase. Diese
Arbeiten sehen wir heute angewandt z. B. in der Technik des
Tonfilms, der Elektronenröhren und auf vielen anderen Gebieten. H. Hertz' Untersuchungen zur Mechanik, Elastizitätslehre,
Meteorologie usw. seien hier nur beiläufig erwähnt. Alles dieses
hat der schüchterne und etwas ungewandte Gelehrte in kaum
fünfzehn Jahren geschaffen, ehe ihn ein tückisches Leiden am
1. Januar 1894 hinwegraffte. Wenige Wochen vorher schrieb er:
„Wenn mir wirklich etwas geschieht, so sollt Ihr nicht trauern,
sondern sollt ein wenig stolz sein und denken, daß ich dann zu
den besonders Auserwählten gehöre, die nur kurz leben und
doch genug leben. Dies Schicksal habe ich mir nicht gewünscht
und gewählt, aber wo es mich getroffen, muß ich zufrieden sein,

und wenn mir die Wahl gelassen wäre, würde ich es vielleicht selbst gewählt haben."

Nach Abschluß seiner Berliner Studien- und Lehrjahre bei Helmholtz und Kirchhoff habilitierte sich Heinrich Hertz im Frühjahr 1883 an der *Universität Kiel*. Er wohnte in dem Hause Karlstraße 18, wo bis zu dessen Zerstörung im Kriege eine Gedenktafel an den großen Forscher erinnerte. Es möge gestattet sein, einiges aus H. Hertz' Kieler Jahren zu berichten [1]:

Unter dem 9. Mai 1883 schreibt er an die Eltern: „... Gestern habe ich eine meiner Vorlesungen, ein Repetitorium mit 8 Zuhörern, und heute meine andere über mechanische Wärmetheorie mit 7 angefangen ...". Letzteres scheint dann die durchschnittliche Zahl der Hörer in den „Privatkollegs" geblieben zu sein; die ganze Universität hatte damals ca. 300 Studenten. So ist es nicht erstaunlich, wenn wir hören: „... Ich habe dabei doch unendlich viel mehr Zeit und Ruhe zu eigener Arbeit, als ich in Berlin hatte, und dies empfinde ich als ganz außerordentlich wohltätig, ..." Eine Militärdienstübung im Herbst 1883 scheint ihm weniger gefallen zu haben, sie bot zwar einige Entspannung „... dagegen die Theorie der Elektrizität liegt mir so fern, so fern, daß ich fast in die offiziersmäßige Frage einstimmen möchte: Was hat der ganze Unsinn eigentlich für einen Zweck?", und er verbringt die Tage „... indem ich mich lebhaft in die Lage eines Gefangenen hineindenke, der in kurzem seine Freilassung erwartet". Das Experimentieren mit unwahrscheinlich kümmerlichen Hilfsmitteln, ohne Laboratorium, war nicht die reine Freude: „... Es fehlt eben zunächst an allen Ecken und Enden, und hier in Kiel ist auch alles nicht so leicht zu haben, für ein Stückchen passenden Platindraht oder eine Glasröhre kann man sich Gott weiß wie lange ablaufen. Dann alles über der jämmerlichen kleinen Spirituslampe machen zu müs-

---

[1] Heinrich Hertz: Erinnerungen, Briefe, Tagebücher. Leipzig 1927.

sen, kurzum ..." Dazu (8. Dezember 1883) „ ... Ewiger Regen, Schnee und Eis, Dreck auf den Straßen zum Versinken, Nebel, Hochwasser, Sonnenaufgang auf dem Weg zum Mittagessen, Sonnenuntergang während des Kaffeetrinkens, vollständige Abgeschnittenheit von allen Orten, die man im Sommer besuchte, das ist so ungefähr die Stimmung der Natur, und der Geist hat Arbeit, nicht in die gleiche Stimmung zu kommen ..."

Aber im Frühjahr steigen die Lebensgeister wieder und das „Tagebuch" berichtet immer häufiger von der Beschäftigung mit *theoretischen Problemen,* die offensichtlich vier Jahre später zur Entdeckung der *elektrischen Wellen* führen sollten. Am 27. Januar 1884: „Über elektromagnetische Strahlen nachgedacht". Dann heißt es am 19. Mai hocherfreut: „Morgens glückte die elektrodynamische Frage". Letztere betraf das Verhältnis der älteren Fernwirkungstheorie zu der damals in Deutschland noch keineswegs allgemein anerkannten Feldtheorie des Elektromagnetismus von Faraday und Maxwell. Auch nach Abschluß des Manuskriptes läßt ihn das Problem nicht los, z. B. steht wieder unter dem 25. Oktober 1884: „Elektrodynamik nachgedacht". ... Im Frühjahr 1885 bot dann die Berufung nach *Karlsruhe* die ersehnte Möglichkeit, die immer wieder mit unglaublicher Zähigkeit gewälzten Probleme auch *experimentell* anzugreifen; so gelang dann im Winter 1887/88 die epochemachende Entdeckung.

Kaum ein Physiker läßt in seinem Werk den Übergang von der abstrakten Theorie zum Versuch im Laboratorium und von da zur technischen Erfindung von wahrhaft weltumspannender Bedeutung so klar erkennen wie Heinrich Hertz.

Der Abschied von Kiel fiel Hertz nicht schwer; kurz vorher heißt es in einem Brief vom 7. Februar 1885: „ ... So schön mir Kiel in einigen schönen Sommermonaten war, so trübselig und gottverlassen erscheint es mir jetzt, ich fühle mich im dritten Höllenkreise ..."

Ein bißchen mehr Verständnis für die Bedürfnisse der damals neu emporsprießenden Naturforschung seitens der maßgebenden Kieler Stellen hätte aller Voraussicht nach die Christian-Albrechts-Universität als die Geburtsstätte der elektrischen Wellen und der modernen Hochfrequenztechnik in die Annalen der Geschichte eingehen lassen.

Heinrich Hertz
Prinzipien der Mechanik

Versuch einer historischen Klärung

Im Frühjahr 1891 hatte Heinrich Hertz seine Untersuchungen zur Elektrodynamik abgeschlossen. Diese hatten 1888 mit den bekannten Experimenten über elektromagnetische Wellen ihren Höhepunkt erreicht. Damit war gleichzeitig die Überlegenheit der *Faraday-Maxwellschen Feldtheorie* des Elektromagnetismus gegenüber der älteren Fernwirkungstheorie erwiesen; insbesondere bewiesen die Hertzschen Versuche, daß der Maxwellsche Verschiebungsstrom in derselben Weise wie der Leitungsstrom einen Beitrag zum Magnetfeld liefert. Offen blieb noch die grundsätzliche Frage, ob man die Bemühungen von Maxwell, Boltzmann u. a. fortsetzen sollte, die „Eigenschaften des Äthers" (d. h. letzten Endes die Maxwellschen Gleichungen) durch ein mechanisches Modell zu „erklären" oder ob man nicht besser die Maxwellschen Gleichungen selbst als eine befriedigende Darstellung der elektromagnetischen Erscheinungen ansehen sollte [1]. Zum Beispiel schreibt H. v. Helmholtz [2] 1894:

„Englische Physiker, wie Lord Kelvin in seiner Theorie der Wirbelatome und Maxwell in seiner Annahme eines Systems von Zellen mit rotierendem Inhalt, die er seinem Versuch einer mechanischen Erklärung der elektromagnetischen Vorgänge zugrunde gelegt hat, haben sich offenbar durch ähnliche Erklärungen besser befriedigt gefühlt als durch die bloße allgemeinste Darstellung der Tatsachen und ihrer Gesetze, wie sie durch die Systeme der Differentialgleichungen der Physik gegeben wird. Ich muß gestehen, daß ich selbst bisher an dieser letzteren Art der Darstellung festgehalten und mich dadurch am besten gesichert fühlte; doch möchte ich gegen den Weg, den so hervorragende Physiker wie die drei genannten eingeschlagen haben, keine prinzipiellen Einwendungen erheben."

In den folgenden Wochen berichtete Hertz in seinem Tagebuch[3] zunächst wenig Erfreuliches. Unter dem 3. 2. 1891 lesen wir „Großen Überdruß an der physikalischen Arbeit empfunden"; am 26. 2. 1891 ist eingetragen: „Unerfreuliche Zeit, Ermüdung, Überdruß."

Dann, am 19. März 1891, ist zum ersten Mal die Rede von neuem Interesse: „Mit mechanischen Prinzipien mich beschäftigt, Hamiltons Arbeiten", und nun macht sich Hertz mit Feuereifer an die Arbeit. Aber schon vom folgenden Jahr an meldet sich immer häufiger und immer quälender die Krankheit, die schon am 1. Januar 1894 zum Tode führen sollte.

„In klassischer Zeit würde man gesagt haben, er sei dem Neide der Götter zum Opfer gefallen", sagt Helmholtz im Vorwort zu den „Prinzipien der Mechanik, im neuen Zusammenhange dargestellt". Hertz hatte diese Darstellung[2] („Mechanik") seiner neuen Ideen noch selbst zum Druck geben können. Sie erschien nach seinem Tode mit einem Vorwort von H. v. Helmholtz, herausgegeben von P. Lenard, dem damaligen Assistenten von Hertz.

Kaum ein Werk eines bedeutenden Physikers der Neuzeit hat eine so zwiespältige und vielfach ablehnende Aufnahme unter den Fachleuten gefunden: Schon Lenard[4] erwähnt in der ausführlichen Biographie seines einstigen Lehrers nur den Titel. Eine der neuesten Darstellungen, die „Prinzipien der Mechanik" von M. Päsler[5], bemerkt lakonisch in der Einleitung: „Da die Hertzsche Mechanik keine Anwendung fand, werden wir auf sie später nicht eingehen . . ." Von der „weltanschaulichen" Seite her belehrt uns O. Spengler[6]: „Und es ist ein erstaunliches Zeichen für die Intensität der Urbegriffe, daß Hertz, der einzige

Jude unter den großen Physikern der Jetztzeit, auch der einzige ist, der den Versuch gemacht hat, das Dilemma der Mechanik durch Ausschaltung des Kraftbegriffs zu lösen."

Dem heutigen Physiker stellt sich so die Frage vor allem nach den tieferen Absichten und der wissenschaftlichen Bedeutung des Werkes von Hertz. Die letztere Frage ist eine historische; sie kann sinnvoll nur beantwortet werden, wenn wir die Darstellung von Hertz nicht nur unter Gesichtspunkten des 19. Jahrhunderts, sondern auch rückblickend vom Standpunkt der *heutigen* Physik aus betrachten [7, 8, 5, 9].

Was von dem Werk in die heute angewandten Rechenmethoden der Mechanik aufgenommen wurde, läßt sich mit wenigen Worten sagen. Es ist die Unterscheidung (und verschiedene Behandlung) *holonomer* und *nichtholonomer* Systeme. Beschreiben wir ein mechanisches System durch die Lagekoordinaten $q_1, q_2 \ldots q_f$, so sind die *Nebenbedingungen*

$$\sum_{1}^{f} F_k (q_1 \ldots q_f)\, \mathrm{d}q_k = 0$$

im ersteren Fall integrierbar, im zweiten dagegen nicht. Die Nebenbedingungen eines holonomen Systems lassen sich durch geschlossene Ausdrücke darstellen; typisches Beispiel ist z. B. ein Massenpunkt, der sich auf einer vorgegebenen Fläche bewegt. Die Nebenbedingungen eines nichtholonomen Systems beschränken die Bewegungsrichtung; ein Beispiel bildet ein Schlitten, der sich nur in Richtung seiner Kufen bewegen kann.

Nun aber zu den tieferen Anliegen von H. Hertz! Am Ende seines Vorworts sagt er: „worauf ich einzig Wert lege, ist die Anordnung und Zusammenstellung des Ganzen, also die logische oder, wenn man will, die philosophische Seite des Gegenstandes." Dies betont die fast axiomatische Darstellung mit zahlreichen Definitionen, Lehrsätzen, Anmerkungen usw. in einer Sprache, die sich offensichtlich an Newton und Kant orientiert. Das Grundgesetz (Anm. 2, Abschn. 309) wird sogar in feierlichem Latein formuliert! Inzwischen haben wir uns aber klar gemacht, daß Kants Erkenntnistheorie nichts anderes darstellt als das Selbstverständnis der Newtonschen Epoche. Das heißt, die von Hertz aus historischen Traditionen heraus gewählte Darstellungsweise ist denkbar ungeeignet, um Gedanken darzustellen, die über Newton hinausweisen. Die tieferen Anliegen von Hertz können wir sozusagen nur zwischen den Zeilen entnehmen.

In sachlicher Hinsicht möchte Hertz zunächst aus der Mechanik den *Kraftbegriff* entfernen. Dem liegt [„Mechanik" 2, Vorwort, S. XXIX] die Überlegung zugrunde, daß die Darstellung der Kräfte z. B. durch das Newtonsche Gravitationsgesetz oder das Coulombsche Gesetz den übrigen Ansätzen der klassischen Mechanik völlig fremd gegenübersteht. Dementsprechend soll vorerst nur die Rede sein von Bewegungen, die zwar irgendwelchen Bedingungsgleichungen (Bindungen) unterworfen sein können, aber *keinen* Kräften im Newtonschen Sinne. In der Beschreibung solcher *„natürlichen Bewegungen"* — wie Hertz sie nennt — treten also nur noch die Begriffe von *Raum, Zeit* und *Masse* auf.

Zur Darstellung dieser eingeschränkten Klasse von Bewegungsvorgängen greift Hertz auf das von C. F. Gauss 1829 gefundene *Prinzip des kleinsten Zwangs* zurück, das er (mit Rücksicht auf nicht-holonome Nebenbedingungen) erweitert zu seinem *Prinzip der geradesten Bahn.*

Wir wollen hier nicht mit H. Hertz möglichste Allgemeingültigkeit anstreben, sondern ziehen es vor, seine Grundgedanken an einem einfachen Beispiel deutlich zu machen, der kräftefreien Bewegung eines Massenpunktes m auf einer Fläche.

Die drei kartesischen Koordinaten des Massenpunktes seien x_1, x_2, x_3; t bedeute die Zeit. Dann definieren wir mit Gauss den Zwang für die kräftefreie Bewegung als

$$Z = \sum_{1}^{3} m (\mathrm{d}^2 x_k / \mathrm{d}t^2)^2$$

und fordern, daß Z einen Extremwert annehme für die wirkliche Bahn im Vergleich zu jeder unendlich benachbarten Vergleichsbahn, d. h.

$$\delta Z = O .$$

Bezeichnen wir noch mit ds das Bogenelement der Bahn ($ds^2 = \sum_1^3 dx_k^2$), so ist wegen des Fehlens der äußeren Kräfte die kinetische Energie und damit die Geschwindigkeit v des Massenpunktes konstant:

$$v = ds/dt = \text{const.}$$

Statt $\delta Z = O$ können wir also ebensogut fordern

$$\delta K = \delta \sum_1^3 (d^2 x_k / ds^2) = 0 ,$$

wo nun $\sqrt{K}$ die Krümmung der Bahn, d. h. ihren reziproken Krümmungsradius $1/\varrho$ bedeutet. Die wirkliche auf der Fläche durchlaufene Bahn hat also die kleinste mögliche Krümmung, sie ist eine *gerade Bahn* [10]. Dementsprechend formuliert Hertz sein

Grundgesetz: Jedes freie System beharrt in seinem Zustande der Ruhe oder der gleichförmigen Bewegung in einer geradesten Bahn.

Man zeigt leicht, daß letztere (für holonome Systeme) gleichzeitig eine *geodätische Linie* ist; d. h. eine kürzeste Bahn in dem Sinne, daß

$$\delta \int ds = 0 ,$$

gilt im Vergleich zu jeder unendlich benachbarten Vergleichsbahn.

Legen wir durch ein Bogenelement ds der Bahn deren Schmiegungsebene, so enthält diese den Schmiegungskreis mit der kleinsten Krümmung *und* die Flächennormale. Jede gegen die Schmiegungsebene geneigte Ebene, die auch durch ds geht, schneidet — nach einem anschaulich ohne weiteres einleuchtenden Satz der Differentialgeometrie — aus der Fläche ein Kurvenstück heraus, das im Vergleich mit der wirklichen Bahn größere Krümmung *und* größere Länge hat. Die geradeste Bahn

ist gleichzeitig eine *geodätische Linie.* Ein elementares Beispiel
erläutert Abb. 1.

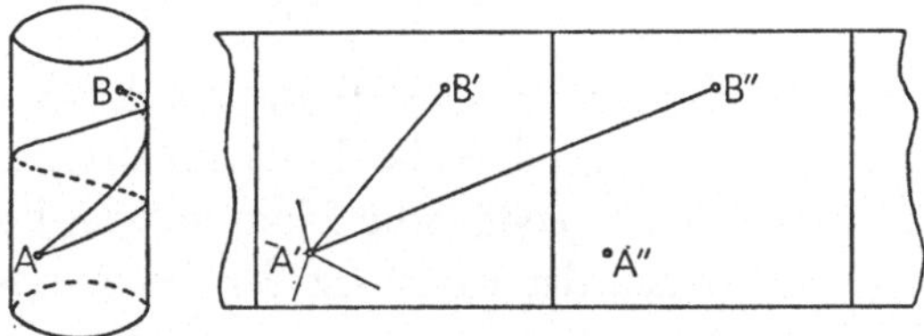

Abb. 1. Die *geodätische Linie* als Bahn eines Massenpunktes. Die kräftefreie Bewegung eines Massenpunktes auf einem Zylinder folgt einer
geodätischen Linie. Wickelt man die Zylinderfläche (links) in die
Ebene (rechts) ab, so gehen die geodätischen Linien auf dem Zylinder
in gerade Linien über. Auf dem Zylinder bewegt sich der Massenpunkt also längs einer Schraubenlinie, wie man auch nach der
Newtonschen Mechanik leicht verifiziert. Durch einen Punkt A bzw.
A' kann man alle *möglichen* Bahnen als ein „Extremalenfeld" aus
Geraden bzw. Schraubenlinien zeichnen. Von A nach einem vorgegebenen Punkt B führen viele geodätische Linien, die wir in der Ab-
wicklung (wo unendlich viele „Bilder" der Zylinderoberfläche sich
aneinander reihen), leicht als gerade Verbindungslinien von A',
A"... nach B', B"... zeichnen können. Unser Bild erläutert gleichzeitig besser als wortreiche philosophische Erörterungen den Zusammenhang zwischen kausaler und teleologischer Betrachtungsweise

Fragen wir nach der *Bedeutung* der im Vorhergehenden dar-
gestellten Teile der Hertzschen *Prinzipien* — gesehen vom
Standpunkt der heutigen Physik —, so erkennen wir in ihnen
zwei Gesichtspunkte wieder, die später in A. Einsteins Allgemeiner Relativitätstheorie (1916) eine wesentliche Rolle spielen
sollten: Einmal hat Einstein [11] das *Prinzip der Geometrisierung*
für die Gravitationstheorie und später für die ganze Physik
vollends klar herausgestellt. Sodann wird in der allgemeinen
Relativitätstheorie die Bewegung z. B. eines Planeten aufgefaßt
als geodätische Linie in einem *vier*dimensionalen Raum. Aus
dem (lokalen) Linienelement des dreidimensionalen Raumes

$$ds_3{}^2 = dx_1{}^2 + dx_2{}^2 + dx_3{}^2$$

wird durch Hinzunahme des Elementes der Zeit dt bzw. der

imaginären Koordinate $dx_4 = icdt$ ($i = \sqrt{-1}$; $c =$ Lichtgeschwindigkeit) das Linienelement

$$ds_4{}^2 = dx_1{}^2 + dx_2{}^2 + dx_3{}^2 + dx_4{}^2$$

gebildet. Man verifiziert leicht, daß für die kräftefreie Bewegung (bei Hertz) eine geodätische Linie im dreidimensionalen Raum ds_3 zugleich eine geodätische Linie im vierdimensionalen Raum ds_4 ist, da wegen der Konstanz der Geschwindigkeit v in der Bahn $ds_3 = vdt$ und $ds_4{}^2 = ds_3{}^2 (1 - c^2/v^2)$ wird. [Hierzu auch G. Hamel [8], Abschn. 156].

Als erstes Teilergebnis unserer historischen Betrachtungen dürfen wir also feststellen, daß die Darstellung der kräftefreien Bewegung durch Hertz einen erheblichen Teil der zwanzig Jahre später von Einstein [11] — offenbar unabhängig — gebrauchten Ansätze enthält.

Wie steht es nun mit den Kräften? Die Newtonsche Fernkraft der Gravitation tritt bekanntlich in der Einsteinschen Theorie nicht mehr explizit auf. Vielmehr wird die (nichteuklidische) Riemannsche Metrik des vierdimensionalen Raumes bzw. ihre Abweichung von der euklidischen bestimmt durch die Massen (in unserem Beispiel die Masse der Sonne und eine Randbedingung im Unendlichen, welche die Massen des Universums repräsentiert) über die Einsteinsche Feldgleichung. Es kam Hertz selbstverständlich nicht in den Sinn, die Auswirkungen der gravitativen und der elektromagnetischen Kräfte in Abrede zu stellen! Er versucht sie jedoch zurückzuführen auf „verborgene Massen“, die sich von den bekannten Massen nur dadurch unterscheiden sollen, daß sie für uns nicht direkt wahrnehmbar sind. Er greift dabei zurück auf Arbeiten (Literatur s. Anm. [2]) von W. Thomson und P. G. Tait sowie von J. J. Thomson u. a. zur Theorie des „Äthers“, insbesondere auch auf Untersuchungen seines Lehrers Helmholtz über „Zyklische Koordinaten“, d. h. Koordinaten, die — wie z. B. der Drehwinkel eines rotierenden Zylinders — nur mit ihren zeitlichen Ableitungen im Ausdruck für die kinetische Energie vorkommen. Derartige Vorstellungen hatten für die Theoretiker in den siebziger und achtziger Jahren große Bedeutung gewonnen, da Maxwells neue Theorie der Elektrodynamik ursprünglich ganz im Gewande eines derartigen Äthermodells aufgetreten war. Auch Boltzmann hat sich intensiv mit der Konstruktion solcher mechanischen Modelle für elektromagnetische Vorgänge befaßt. Die oben zitierte Bemerkung von Helmholtz (aus dem Vorwort zu Hertz' Mechanik) ist wohl eine der ersten Äußerungen aus dem Kreis führender Physiker jener Zeit in dem Sinne, daß man auf *mechanische Äthermodelle* verzichten könne und dafür die Feldgleichungen als eindeutige *Beschreibung* der Vorgänge betrachten solle. Hertz ist zwar diesem Standpunkt gelegentlich auch schon ziemlich nahe gekommen, aber hinter den Abschn. 4 und 5 im 2. Buch seiner „Mechanik" steht offenbar als Ziel noch die Idee eines *mechanischen* Äthermodells, das *alle* (bisherigen) Fernkräfte darstellen sollte. Dessen mathematische Formulierung müßte dann die Grundgleichungen einer universellen Nahwirkungstheorie oder — wie wir mit Einstein sagen könnten — einer einheitlichen Feldtheorie liefern. Es war eine der wesentlichen Ideen Einsteins, einerseits dieses allzu weitgespannte Problem zunächst zurückzustellen und andererseits in der längst bekannten Gleichheit von träger und schwerer Masse (dieser Satz ist merkwürdigerweise bei Hertz nirgends erwähnt!) den Schlüssel zu seiner Feldtheorie [12] der Gravitation zu erkennen.

Zusammenfassend dürfen wir wohl feststellen, daß *H. Hertz* in seinen *„Prinzipien der Mechanik"* eine Reihe von physikalischen Denkformen und gedankliche Ansätze vorweggenommen hat, die erst zwanzig Jahre später von *Einstein* in der Allgemeinen Relativitätstheorie (offenbar unabhängig) aufs neue entdeckt und fruchtbar gemacht worden sind.

Anmerkungen

[1] P. Duhem, La Théorie Physique. Son Objet, Sa Structure, M. Rivière Cie, Paris 1914.

[2] H. Hertz, Die Prinzipien der Mechanik in neuem Zusammenhange dargestellt. Gesammelte Werke Bd. III, J. A. Barth, Leipzig 1894.

[3] H. Hertz, Erinnerungen, Briefe, Tagebücher. Zusammengestellt von Dr. Johanna Hertz, Akad. Verl. Ges., Leipzig 1927.

[4] P. Lenard, Große Naturforscher. Lehmann Verlag 1929.

[5] M. Päsler, Prinzipe der Mechanik. W. de Gruyter Verlag, Berlin 1968.

[6] O. Spengler, Der Untergang des Abendlandes, Bd. 1: Gestalt und Wirklichkeit. C. H. Beck Verlag, München 1919.

[7] A. Voss, Die Prinzipien der rationellen Mechanik. In Enzyklopädie der math. Wiss., Teubner Verl., Leipzig 1901/08.

[8] G. Hamel, Theoretische Mechanik. Springer-Verlag, Berlin-Göttingen-Heidelberg 1949.

[9] A. Sommerfeld, Vorlesungen über theor. Physik, Bd. I: Mechanik. Dieterich-Verlag, Wiesbaden 1942.

[10] Zu derselben Aussage gelangt man für unser einfaches Beispiel noch etwas anschaulicher, indem man den Beschleunigungsvektor zerlegt in seine Komponenten $\dot{v}$ längs der Bahn und die Komponente in Richtung der Hauptnormale, die Zentripetalbeschleunigung v^2/ϱ. Das Quadrat der Beschleunigung $(v^2/\varrho)+\dot{v}^2$ wird — da für die kräftefreie Bewegung $v=$ const. und $\dot{v}=0$ ist — ein *Minimum* werden, wenn die Krümmung $1/\varrho$ der Bahn den kleinsten möglichen Wert hat.

[11] A. Einstein, Vier Vorlesungen über Relativitätstheorie. F. Vieweg-Verlag, Braunschweig 1923.

[12] L. D. Landau und E. M. Lifschiz, Lehrb. der theor. Physik, Bd. II, Feldtheorie. Akademie-Verlag, Berlin 1963.

Walther Kossel (1888—1956)

Am 22. Mai 1956 ist nach längerer Krankheit Walther Kossel verstorben. Mit ihm verliert die Physik in Deutschland einen ihrer markantesten Köpfe.

Die Deutsche Physikalische Gesellschaft hatte ihm 1944 ihre höchste Auszeichnung, die *Planck*-Medaille und 1955 ihre Ehrenmitgliedschaft verliehen. Die Christian-Albrechts-Universität Kiel, deren Rektor er 1929/30 war, ehrte ihn 1948 mit ihrer Universitätsmedaille. Kurz vor seinem Tode erfreute ihn noch die Verleihung der *Röntgen*plakette.

Walther Kossel ist am 4. Januar 1888 in Berlin geboren. Er entstammte einer alten Gelehrtenfamilie, die eine Reihe glanzvoller Namen aufzuweisen hat. Sein Vater, der spätere Heidelberger Physiologieprofessor Albrecht Kossel, erhielt für seine grundlegenden Forschungen zur Chemie der Eiweißkörper im Jahre 1910 den Nobelpreis. Im Mittelpunkt seiner Arbeiten und seines Nobelvortrages: „Über die chemische Beschaffenheit des Zellkerns" stehen die beiden Stoffgruppen, welche für die lebendige Materie besonders charakteristisch sind, die Eiweißstoffe und die Nucleinsäuren. Immer wieder wird eindringlich auf die physiologische Bedeutung einer Erforschung der chemischen Struktur dieser Stoffe hingewiesen.

Die Vorliebe für anschauliche Modelle, wie die Freude am gepflegten Stil und die Klarheit der Darstellung, kennzeichnen in gleicher Weise das Lebenswerk des Vaters wie auch später das von Walther Kossel.

Den Abstand der Generationen verdeutliche die Bemerkung, daß heute schon die Frage diskutiert wird, wie aus den von A. Kossel seinerzeit herausgearbeiteten Grundbestandteilen der lebendigen Materie sich vor mehreren Milliarden von Jahren die ersten Lebewesen auf unserem Planeten (der damals noch seine reduzierende Uratmosphäre besaß) gebildet haben könnten.

Walther Kossels Lebensweg führte nach den üblichen Schul- und Studienjahren und der Promotion bei Philipp Lenard in Heidelberg (1911) zunächst nach München, wo damals C. Röntgen, A. Sommerfeld, M. v. Laue u. a. ein wissenschaftliches Leben von unglaublicher Intensität und Produktivität entfalteten. C. Röntgen hatte kurz zuvor die nach ihm benannten, durchdringenden Strahlen entdeckt. Im Frühjahr 1912 gelang v. Laue, zusammen mit Friedrich und Knipping die Entdeckung der Beugung von Röntgenstrahlen an Kristallen, die ganz neuartige Zugänge zur Physik der Röntgenstrahlen, wie auch zur Erforschung des Aufbaues der Kristalle eröffnete. Bald darauf begannen A. Sommerfelds nicht weniger bedeutende Forschungen zum Thema „Atombau und Spektrallinien" im Rahmen der von Max Planck und Niels Bohr in die Wege geleiteten Quantentheorie der Atome.

1921 übernahm Walther Kossel das Ordinariat für theoretische Physik an der Universität Kiel; 1932 folgte er einem Ruf als Experimentalphysiker an die Technische Hochschule Danzig. Nach den Wirren des Kriegsendes fand er schließlich 1947 wieder ein neues Tätigkeitsfeld an der Universität Tübingen. Mancherlei akademische Mißhelligkeiten, dann die Krankheit und der Tod seiner geliebten Gattin und zuletzt das Nachlassen der eigenen Gesundheit, warfen düstere Schatten auf die letzten Jahre.

Den ersten Abschnitt von W. Kossels wissenschaftlichem Lebenswerk charakterisiert am besten der Titel seines 1921 er-

schienenen Buches „*Valenzkräfte und Röntgenspektren*". Die
bekannten Beobachtungen von Barkla und Moseley werden zunächst im Sinne der *Schalenstruktur der Atome* interpretiert.
Die innerste K-Schale hat 2 Elektronen, die L-Schale 8 Elektronen usw. Bei der Anregung durch Elektronen oder Strahlung
wird ein Elektron aus dem Atom *ganz* entfernt; der freigewor-
dene Platz dann direkt oder stufenweise aufgefüllt. Die Rönt-
genkontinua beobachtet man deshalb in Absorption *und* Emission, die Linien *nur* in Emission. Die abgeschlossenen Schalen
mit 2, 8, 18 ... Elektronen charakterisieren nun im *periodischen
System der Elemente* — das ist der zweite wesentliche Gedanke — die Edelgase. Die besondere energetische *Stabilität der
Edelgasschalen* aber liefert sogleich den Schlüssel zur Deutung
des ganzen Bereiches der *heteropolaren chemischen Bindung:*
Natrium und Chlor z. B. bilden ein Molekül bzw. einen Kristall
aus Na^+- und Cl^--Ionen (daß der Kristall aus Ionen aufgebaut
ist, hatte schon Madelungs Deutung der Reststrahlen gelehrt),
weil das Chloratom durch *Hinzufügen* eines Elektrons eine ab-
geschlossene Schale, das Natriumatom dagegen durch *Abgabe*
seines Außenelektrons ebenfalls eine Achterschale erhält. Die
elektrische Theorie der chemischen Valenz, welche schon 1812
der große Berzelius aufgestellt und Helmholtz u. a. dann weitergebildet hatten, erschien plötzlich in neuem Glanze, nachdem
sie jahrzehntelang — hauptsächlich unter dem Eindruck der mit
Wöhlers Entdeckung (1828) einsetzenden Entwicklung der organischen Chemie — gegenüber dem formaleren Valenzstrich-
Schema der Chemiker ganz in den Hintergrund getreten war.
Letzteres hatte den Vorteil, neben der heteropolaren auch die
homöopolare Bindung zu umfassen, welche insbesondere den seit
Wöhlers Entdeckung (1828) lawinenartig angewachsenen Bereich der organischen Chemie beherrscht. Eine Theorie der
homöopolaren Bindung konnten — wie ergänzend bemerkt
sei — 1927 Heitler und London auf dem Boden der Quantenmechanik entwickeln. Es zeigt gleichzeitig die Energie wie auch
die Grenzen von Kossels ganz auf das modellmäßig anschauliche

ausgerichtetem Denken, daß er immer wieder den, wir müssen wohl sagen, vergeblichen Versuch machte, die quantenmechanischen Austauschkräfte der Heitler-Londonschen Theorie durch ein Modell im Sinne der klassischen Physik zu „erklären".

Die neu gewonnene Einsicht in den Schalenbau der Atome und seinen Zusammenhang mit dem periodischen System der Elemente erschloß in den Jahren 1919/20 — fast von selbst — den *Zusammenhang zwischen Röntgen- und sichtbaren Spektren* sowie die heute schon jedem Studenten geläufige Verknüpfung zwischen dem Funkenspektrum eines Elementes und dem Bogenspektrum des vorhergehenden, den sogenannten *Kossel-Sommerfeldschen Verschiebungssatz.* In Kiel wandte sich W. Kossel dann — der Zusammenhang mit den Münchener Arbeiten ist leicht zu erkennen — mehr und mehr der Erforschung der *Kristalle* mittels Röntgenstrahlen und dem Studium des *Kristallwachstums* zu, einer Arbeitsrichtung, die wohl auch seinem ästhetischen Bedürfnis besondere Befriedigung versprach. Erst nach der Übersiedlung an die TH Danzig mit viel besseren experimentellen Möglichkeiten gelang W. Kossel der grundlegend neue Ansatz:

Bis dahin hatte man die Struktur der Kristalle mit Hilfe der Röntgenstrahlen untersucht, die aus der Antikathode einer Röntgenröhre stammten. Kossel und seinen Mitarbeitern gelang es nun 1935, die Atome z. B. eines *Metallkristalls selbst* (als Antikathode) zur Aussendung von Röntgenstrahlen anzuregen. Diese Strahlen können dann nur in ganz bestimmten Richtungen durch das Gitter des Kristalls „hindurchfinden". Man erhält Aufnahmen, deren in ihrer Schönheit fast verwirrende Zeichnung wichtige Aufschlüsse über das Zusammenwirken der Atome im Kristall und ihre Wechselwirkung mit den Röntgenstrahlen liefert. Anschließend untersuchte dann Kossel mit zahlreichen Mitarbeitern das weite und fast noch ergiebigere Feld der *Kristallinterferenzen im konvergenten Licht.* In einer zusammenfassenden Darstellung, die seinem alten Freund E. Buchwald zum 60. Geburtstag gewidmet ist, sagt er selbst von diesen Arbeiten: „Will man die experimentelle Untersuchung fortentwikkeln, so wird man nie der Mühe überhoben, sich auch qualitativ möglichst lebendig zu machen, was physikalisch vor sich geht. Das ist hier oft mühsam — die Anschauungskraft hat sich gehörig anzustrengen —, aber immer wieder reizvoll, vor allem auch durch die Vergleiche mit anderen Erscheinungen, die bei der Vertiefung in das Spiel der Vorgänge auftauchen".

Dieselbe Grundhaltung beherrscht Kossels Arbeiten über den *Auf- und Abbau von Kristallen*. Nach langen Vorversuchen über das Kristallwachstum aus Lösung, Schmelze oder Dampf findet er das „Ei des Kolumbus": Schleift man aus einem Einkristall eine *Kugel*, so sind auf dieser sämtliche Richtungen gleichberechtigt und man kann nun den Auf- oder Abbau beliebiger Kristallflächen unbeeinflußt von willkürlichen Anfangsbedingungen studieren.

Nicht nur die Dichtung, auch die Physik ist „la nature vue à travers d'un tempérament"!

Die vielen weiteren Früchte von Kossels Forschungsarbeit: ein neuartiges Elektronenmikroskop, die elektrostatische Erzeugung hoher Spannungen, Fragen der Beugungstheorie und vieles andere können wir hier nur beiläufig erwähnen. Auch davon gilt, wie W. Kossel noch in einer Notiz „Zum Jahresbeginn 1956" so treffend schrieb:

„Hier, in produktiver Anschauungskraft und scharfer, immer erneuter Bemühung, das Wesentliche an den Phänomenen zu kennzeichnen, liegt die menschliche, die charakterliche Leistung, auf der die Würde der Physik als Naturwissenschaft beruht, die ihre Stellung im System der Wissenschaften bestimmt."

P. ten Bruggencate (1901—1961)

Am 14. September 1961 ist Paul ten Bruggencate in Göttingen nach schwerer Krankheit gestorben [1]. In ihm verliert die Astronomie einen der begabtesten Forscher auf dem Gebiete der Sonnenphysik, die Georgia Augusta ihren früheren Rektor und Prorektor, die Astronomische Gesellschaft ihren langjährigen Vorsitzenden und — nicht zuletzt — die Akademie der Wissenschaften in Göttingen ihren Präsidenten.

Paul ten Bruggencate's Vater Willem ten Bruggencate war als junger Notar aus gesundheitlichen Gründen von seiner niederländischen Heimatstadt Almelo nach Arosa in der Schweiz gegangen und übernahm dort die Geschäftsleitung des „Deutschen Sanatoriums Arosa". Er verheiratete sich mit Elisabeth Zech, einer Tochter des Stuttgarter Professors Paul Heinrich von Zech. Dem jungen Ehepaar wurden am 24. Februar 1901 Zwillinge geboren, Paul und Hermann ten Bruggencate, die zeitlebens durch besonders innige Zuneigung verbunden blieben. Paul ten Bruggencates persönliche Eigenart wie auch seine wissenschaftlichen Neigungen gehen eindeutig zurück auf seinen Großvater Paul Heinrich von Zech. Dieser vielseitige und energische Gelehrte war am 12. Juni 1828 in Stuttgart als Sohn des späteren Oberkriegsrates Johann Christof von Zech und seiner Gemahlin Emilie, geb. Buttersack, geboren. Wie vor ihm schon Johannes Kepler und später noch viele andere bedeutende

Schwaben, begann er zunächst die in erster Linie für künftige Theologen bestimmte Laufbahn im Seminar Blaubeuren und dann im „Stift" der Universität Tübingen. In diesen Institutionen konnten begabte junge Leute nach einem sehr strengen Aufnahmeexamen, aber ganz unabhängig von den wirtschaftlichen Verhältnissen der Eltern, schon in alten Zeiten eine akademische Ausbildung erhalten; ihre Bedeutung für das ganze deutsche Geistesleben durch mehrere Jahrhunderte hindurch brauchen wir hier nicht mehr zu erörtern[2]. Paul Zech wandte sich schon früh dem Studium der Mathematik, Physik und Astronomie zu. 1855 ging er an die noch junge „Polytechnische Schule" in Stuttgart, aus der später die technische Hochschule hervorging. Man könnte Paul ten Bruggencate nicht treffender charakterisieren als mit den Worten, die der damalige Tübinger Physikprofessor Reusch am 10. September 1855 dem jungen P. H. Zech als Empfehlungszeugnis mitgab: „Mit ausgezeichneten Kenntnissen in den obigen Fächern (genannt waren „die gesamte Mathematik und ihre Anwendungen auf Physik und reine wie angewandte Mechanik") verbindet aber H. Zech Klarheit, Ruhe und Bescheidenheit". P. H. Zech wurde 1862 Professor für Physik, Meteorologie und Astronomie in Stuttgart; er war später auch Mitglied der Kommission für die Europäische Gradmessung und Vorstand der meteorologischen Zentralstation. Er beschäftigte sich nicht nur mit dem Ausbau der ihm anvertrauten Fachgebiete, sondern befaßte sich auch mit dem heute noch aktuellen Problem der physikalischen Ausbildung der Ärzte, mit der neu entdeckten Spektralanalyse u. v. a. Diesen vielseitigen Bemühungen blieb auch die äußere Anerkennung nicht versagt, er erhielt den persönlichen Adelstitel und 1877 den Dr. rer. nat. h. c. seiner Heimatuniversität Tübingen. Als er am 16. März 1893 verstarb, verkündeten zahlreiche Nachrufe das Lob des gleicherweise unermüdlichen wie beliebten Mannes.

Auch dessen älterer Bruder Julius August Christof Zech (geb. am 24. Februar 1821 in Stuttgart) hat in der Astronomie eine beachtliche Rolle gespielt. Schon während seines Theologiestudiums, das er 1838 in Tübingen aufnahm, erhielt er mancherlei naturwissenschaftliche und astronomische Anregung und Unterweisung durch den Physiker Professor J. G. C. Nörrenberg, den Erfinder des bekannten Polarisationsapparates. Zur Vervollständigung seiner astronomischen Ausbildung ging er 1843 für ein Jahr nach Berlin und dann nach Gotha zu Hansen. 1845 kehrte er nach Tübingen zurück. Nachdem er zwischendurch zwei Jahre am Stuttgarter Gymnasium unterrichtet hatte, wurde er an der Universität Tübingen 1852 außerordentlicher, 1856 ordentlicher Professor. Er arbeitete über Störungen von Kometen und kleinen Planeten, über Chronologie (Finsternisse), berechnete Tafeln der Additions- und Subtraktionslogarithmen, er war Commissär für die mitteleuropäische Gradmessung u. v. a. 1863 begründete er in Heidelberg die Astronomische Gesellschaft, die ihn sogleich zu ihrem ersten Vorsitzenden wählte. Leider durfte er deren erste Versammlung in Leipzig (1865) nicht mehr erleben. Am 13. Juli 1864 erlag er in Berg bei Stuttgart einem rasch fortschreitenden Leiden. Eines seiner nachgelassenen Vorlesungsmanuskripte scheint seinem Großneffen die ersten astronomischen Anregungen vermittelt zu haben.

Paul ten Bruggencates Schulausbildung wurde auf das stärkste dadurch beeinflußt, daß der wechselnde Gesundheitszustand des Vaters mehrmals eine Änderung des Wohnsitzes der Familie verlangte. So besuchte er von 1908—1912 die Volksschule in Arosa und 1913—1914 die Hoogere Burgerschool in Alkmaar. Am 1. März 1915 starb der Vater; die Familie zog nach Stuttgart-Cannstatt, wo Paul 1915—1920 die Oberrealschule besuchte. Zeit seines Lebens hat er es bedauert, daß er damals nicht die Möglichkeit hatte, ein humanistisches Gymnasium zu besuchen. Schon vor Abschluß der Schulzeit verlor er 1918 auch die Mutter.

Nach dem Abitur (30. Juni 1920) begann Paul ten Bruggencate sein Studium an der Technischen Hochschule Stuttgart, dann folgten drei Semester an der Universität München, zwischendurch eines in Göttingen und 1923/24 das Abschluß-Wintersemester wieder in München. Hier promovierte er am 30. Januar 1924 „magna cum laude" mit der unter Leitung seines Lehrers Hugo von Seeliger entstandenen Dissertation über „Die Konstitution und kosmogonische Stellung der Sternhaufen". Neben der wissenschaftlichen Persönlichkeit von Seeligers, aus dessen Schule ja viele bedeutende Astronomen seiner Zeit hervorgegangen sind, fesselten ihn vor allem die Vorlesungen von A. Sommerfeld, der in jenen Jahren wichtige Zweige der neuen Atomphysik begründete und von O. Perron, dessen mathematischer Stil ten Bruggencate besonders ansprechen mußte. Die Möglichkeiten zu praktisch-astronomischer Arbeit an der Sternwarte in München-Bogenhausen waren schon damals hoffnungslos antiquiert. Zu R. Emden, dem geistreichen Außenseiter, der in stolzer Distanz an der Technischen Hochschule München wirkte, hat der schüchterne Student offenbar keinen näheren Kontakt gewonnen.

Es folgten die „Lehr- und Wanderjahre": Zwei Jahre, 1924 bis 1926, als Assistent bei H. Kienle in Göttingen(bei der Übernahme dieser Stellung verlor er zwangsläufig die holländische Staatsangehörigkeit), dann 1926—1928 als Astronom an der Bosscha-Sterrewacht in Lembang auf Java. Die Rückreise benutzte P. ten Bruggencate, um Japan kennenzulernen und anschließend mehrere Monate am Mt. Wilson Observatory in Pasadena/Calif. und am Harvard Observatory in Cambridge/Mass. zu arbeiten. Nach seiner Rückkehr ging er an die Universität Greifswald, um sich am 13. November 1929 zu habilitieren; das Thema der Habilitationsvorlesung lautete: „Die Entwicklung unserer Kenntnis vom Galaktischen System in den letzten fünfzig Jahren". Kurz darauf aber verließ Paul ten Bruggencate Deutschland nochmals zu einem Studienaufenthalt vom 1. 3. bis 1. 11. 1930 am Harvard Observatory und am Dominion Astrophysical Observatory in Victoria B. C. Mit dem Wintersemester 1930/31 übernahm er in Greifswald einen Lehrauftrag und die Leitung des — freilich sehr bescheidenen — Mathematisch-Astronomischen Institutes der Universität. In Greifswald lernte er seine spätere Lebensgefährtin kennen, Dr. Margarethe Elisabeth Sachs aus Hamburg, die als Chemikerin im Laboratorium ihres Lehrers Prof. Hückel arbeitete. Aus der am 31. März 1933 geschlossenen Ehe sind hervorgegangen Hans-Gerritt und Elke-Elisabeth ten Bruggencate, die sich beide dem ärztlichen Beruf zugewandt haben.

Berichten wir zunächst weiter über Paul ten Bruggencates äußeren Lebensgang. Am 1. März 1935 wurde er zum Hauptobservator und Professor am Astrophysikalischen Observatorium in Potsdam ernannt. Damit war verbunden die Lehrtätigkeit als Dozent und bald darauf als apl. Professor an der Universität Berlin sowie vor allem die Leitung des Institutes für Sonnenphysik, des früheren Einsteinturms. Dieses Institut war in den Jahren nach dem ersten Weltkrieg von Erwin Freundlich begründet worden unter tätiger Mitwirkung von Albert Einstein und vor allem von Carl Bosch, der zusammen mit F. Haber für die Erfindung der Ammoniaksynthese den Nobelpreis erhalten hatte und als Generaldirektor der I. G. Farbenindustrie über große Geldmittel verfügte. Carl Bosch betätigte sich übrigens selbst als Astronom und hatte in Heidelberg eine recht beachtliche Privatsternwarte. Am Einsteinturm ging in jenen Jahren eine Gruppe junger Astrophysiker ein und aus, zu der W. Grotrian, E. v. d. Pahlen, H. v. Klüber, K. Wurm, zeitweise E. Hopf, V. Ambartsumian, A. Unsöld u. v. a. gehörten. 1934 mußte Erwin Freundlich dem Druck des Nazi-Regimes weichen. Für P. ten Bruggencate, dem unter diesen unerfreulichen Umständen die Nachfolge angeboten wurde, erhob sich — wie damals für viele andere Wissenschaftler in Deutschland — die Frage: „Soll man versuchen, Wissenschaft und Forschung in Deutschland — auch mit Schwierigkeiten und möglicherweise einigen Konzessionen an die politischen Mächte — am Leben zu erhalten oder ist es richtiger, im Ausland neue Arbeitsmöglichkeiten zu suchen?" Die Schwierigkeiten pro und contra mochten sich die Waage halten. P. ten Bruggencate wählte den ersteren Weg und bewies dabei ein hohes Maß von Takt und Feingefühl.

Im März 1941 wurde Paul ten Bruggencate als ordentlicher

48

Professor der Astronomie und Direktor der Universitätssternwarte nach Göttingen berufen. Mit der Übernahme dieses Institutes, an dem schon der „Princeps Mathematicorum" Karl Friedrich Gauß gewirkt hatte, boten sich neue Möglichkeiten. Unter geschickter Ausnutzung der Zusammenhänge zwischen Sonnenphysik und Ionosphären-Überwachung war es möglich, mitten im Krieg auf dem Hainberg ein Turmteleskop zu bauen, dessen Konstruktion sich weitgehend der Haleschen Privatsternwarte in Pasadena anschloß. Als sich später herausstellte, daß Instrument und Lokalität doch noch wesentliche Wünsche bezüglich Trennungsvermögen und Streulichtfreiheit unbefriedigt ließen, zögerte ten Bruggencate nicht, unter Mitwirkung seines Freundes Max Waldmeier in Zürich und der Deutschen Forschungsgemeinschaft ein — in wesentlichen Konstruktionsprinzipien neuartiges — Sonnenteleskop (mit Gregoryschem Strahlengang) in Locarno-Monti zu errichten. In schon schwerkrankem Zustand leitete er noch die Aufstellung des Instrumentes. Ein hartes Geschick hat es ihm verwehrt, den Abschluß dieses mühevollen Unternehmens und die Einweihung des Instituts zu erleben.

Neben seiner wissenschaftlichen und Lehrtätigkeit — auf die wir sogleich zurückkommen — hielt P. ten Bruggencate es für seine Pflicht, sich mit derselben Genauigkeit und Sorgfalt um allgemeine Anliegen der Wissenschaft und seiner Universität zu kümmern. Lange Jahre wirkte er in der Astronomischen Gesellschaft als Schriftführer, Vorstandsmitglied und zuletzt als Vorsitzender. Die Göttinger Akademie wählte ihn 1943 zum ordentlichen Mitglied ihrer mathematisch-physikalischen Klasse; von 1958 bis zu seinem Tode hat er mit größter Gewissenhaftigkeit das Amt des Präsidenten geführt. Die Leopoldina in Halle wählte ihn 1959 zum korrespondierenden Mitglied. In der Selbstverwaltung der Georgia Augusta in Göttingen wirkte er 1949 und 1950 als Dekan der Mathematisch-Naturwissenschaftlichen Fakultät, 1954 als Rektor und das Jahr darauf als Prorektor. In dem damaligen Schlüter-Skandal hat ten Bruggencate die Würde und die Forderungen der Universität mit viel Zähigkeit und Geschick — freilich auch großem Zeitverlust — vertreten und ihnen mit zum Sieg verholfen. P. ten Bruggencate wußte aus Jahren des Nazi-Regimes, was auf dem Spiele stand und handelte dementsprechend.

Mehr als alle äußere Tätigkeit und akademische Ehrenämter aber lagen P. ten Bruggencate allezeit die Astronomie und Astrophysik am Herzen. In seinem Werk greifen stets ineinander einerseits die Freude, unsere Kenntnis und unser Verstehen an einer ganz bestimmten Stelle voranzutreiben und andererseits das Bedürfnis nach klärender Übersicht und auch zusammenfassender Darstellung größerer Gebiete. In den Jahren bis 1936 stehen ganz im Vordergrunde Probleme der Sternhaufen und einzelner Veränderlicher Sterne, der Aufbau des galaktischen Systems und die interstellare Absorption, aber auch Fragen des Aufbaues und der Entwicklung der Sterne. Rückblickend wird man sagen dürfen, daß diese Arbeiten ein gutes Stück zur Einbürgerung der modernen Astronomie in Deutschland beigetragen haben. Einem weiteren Vordringen zu den Kernpunkten standen damals im Wege einerseits das Fehlen so ziemlich jeder vernünftigen Beobachtungsmöglichkeit in Deutschland und andererseits die Tatsache, daß damals ein Einblick in die eigentliche Triebfeder kosmischer Entwicklungsabläufe, nämlich die Kernprozesse und die Energieerzeugung im Sterninneren, noch nicht möglich war. Die wirklich produktive Entwicklung einer modernen Kosmogonie begann ja erst um 1954 mit den Untersuchungen von W. Baade und seinen Mitarbeitern am Mt. Wilson Observatory in Wechselwirkung mit zahlreichen zum Teil älteren, zum Teil jüngeren theoretischen Arbeiten.

1932 zeigt eine — noch in Greifswald entstandene — Arbeit von P. ten Bruggencate „Die Entstehung der Fraunhoferschen Linien in der Sonnenatmosphäre" zum erstenmal sein noch etwas mathematisch-formales Interesse an den Bemühungen einer über viele Länder verteilten Gruppe jüngerer Astrophysiker, anknüpfend an Karl Schwarzschilds — von den damaligen Astronomen in Deutschland weitgehend ignorierte — Arbeit „Über Diffusion und Absorption in der Sonnenatmosphäre" sowie an spätere Untersuchungen von A. S. Eddington, E. A. Milne, H. N. Russell u. a. unter Heranziehung der inzwischen entstandenen Atomphysik zu einem quantitativen Verständnis der Spektren von Sonne und Sternen vorzudringen. In Potsdam und später in Göttingen traten diese Anliegen nun ganz in den Vordergrund und P. ten Bruggencate fand rasch den Weg zu den Fragestellungen und Untersuchungen, die den Kern seines Lebenswerkes ausmachen. Es handelt sich stets darum, durch wohlüberlegte und geplante Beobachtungen in Verbindung mit theoretischen Ansätzen der Sonne (oder einem Stern) die Antwort auf ganz bestimmte Fragen zu entlocken, wobei natürlich die Möglichkeit einer Revision der „theoretischen Vorurteile" durchaus im Auge behalten werden muß. Diese Einstellung bedeutete — was die jüngere Generation leicht vergißt — eine Revolution gegenüber der älteren Einstellung „wir beobachten eben einmal, was wir können, mögen die Theoretiker zusehen, was sie damit anfangen!" So entstanden in Potsdam, zum Teil in Zusammenarbeit mit W. Grotrian, H. v. Klüber, E. v. d. Pahlen und J. Houtgast die schönen Arbeiten über die Granulation und die Fackeln auf der Sonne. Dann wurde die Messung der Profile von Fraunhoferlinien zu hoher Genauigkeit entwickelt und angewandt auf die Spektren der Sonnenflecke, auf die Mitte-Rand-Variation der Fraunhoferlinien als wichtigste Methodik zur Erforschung der Schichtung der Sonnenatmosphäre u. v. a.

In Göttingen gesellte sich zu den ständigen Mitarbeitern bald eine wechselnde Schar von Doktoranden, deren Arbeit ten Bruggencate auf das sorgfältigste betreute. Äußerste Gewissenhaftigkeit verlangte er von sich selbst wie von seinen Schülern als Grundlage jeder wissenschaftlichen Tätigkeit, getreu dem Wahlspruch seines großen Amtsvorgängers „Nil actum reputans si quid superesset agendum". Nun entstanden weitere Arbeiten über die Profile von Fraunhoferlinien — insbesondere den schwierig zu messenden Wasserstofflinien — und ihre Mitte-Rand-Variation. Immer mehr schält sich das beobachtungstechnische Problem heraus: „Wie kann man in dem für die Erforschung der obersten Teile der Photosphäre wichtigsten Bereich ganz nahe am Sonnenrand noch einwandfreie Beobachtungen erhalten?" Solche Überlegungen führten dann wesentlich zur Planung des neuen Sonnenteleskopes bei Locarno. Daneben entstanden in Göttingen eine ganze Reihe von Arbeiten — mit immer wieder verbesserter Technik — über die Profile der Emissionslinien in Sonnenprotuberanzen. Bei allen diesen Arbeiten geht mit dem Bemühen um die Verfeinerung der Beobachtungstechnik stets Hand in Hand die keineswegs einfachere Aufgabe der theoretischen Auswertung der Messungen und ihrer Befreiung von vielleicht unnötigen Voraussetzungen und Approximationen.

Zeit seines Lebens war und blieb Paul ten Bruggencate ein echter Naturforscher, der sich nur wohl fühlt, wenn er an einem seiner selbst gestellten Probleme "herumknobeln" kann. Dies, wie seine große Liebe zur Natur, sein vornehmes bescheidenes Wesen und sein liebenswürdiger Humor werden allen seinen Freunden und Kollegen allezeit in dankbarer Erinnerung bleiben.

Anmerkungen

[1] Weitere Nachrufe: Kienle, H., Naturwiss. **49**, 73 (1962); Jäger, F. W., Mitt. Astron. Ges. 1961 (Hamburg 1962), mit einem von H. Wendker zusammengestellten Schriftenverzeichnis; ZS. Astrophys. **53**, 218 (1961).
[2] Vgl. Müller, E., Stiftsköpfe (E. Salzer-Verlag), Heilbronn 1938.

Otto Struve (1897—1963)

Am 6. April 1963 ist Otto Struve in Berkeley/Calif. nach kurzer Krankheit verstorben. In ihm verliert die Astronomie einen ihrer führenden Forscher, Lehrer und Organisatoren. Seine Bemühungen um die Wiederherstellung der internationalen Beziehungen in der Astronomie nach dem Zweiten Weltkrieg und um den Wiederaufbau der astronomischen Forschung in Deutschland verdienen allezeit unseren Dank.

Die Familie Struve, welche durch Generationen hindurch eine große Anzahl bedeutender Astronomen hervorgebracht hat, stammt aus Holstein. Der aus Horst bei Uetersen gebürtige Jacob Struve (1755—1841) war erster Professor und Direktor des Gymnasiums zu Altona, als sein vierter Sohn Friedrich Georg Wilhelm Struve (1793—1864) in den Napoleonischen Wirren fliehen mußte. Er gelangte nach Dorpat und wurde dort, obwohl erst zwanzig Jahre alt, sogleich a. o. Professor und Observator an der Sternwarte. 1820 avancierte er zum ord. Professor und Direktor der Sternwarte. 1839 berief man ihn als Direktor der neuen Hauptsternwarte nach Pulkowa bei St. Petersburg. Sein Sohn Otto Wilhelm Struve (1819—1905) folgte dem Vater in der Direktion der Pulkowaer Sternwarte von 1862—1890. Dessen Sohn Ludwig Struve (1858—1920) war Professor der Astronomie an der Universität Charkow; dort wurde sein Sohn Otto Struve am 12. August 1897 geboren. Über die hochbedeutenden astronomischen Leistungen der Familie Struve im vorigen Jahrhundert brauchen wir hier nicht zu berichten. Als die Royal Astronomical Society im Jahre 1944 Otto Struve ihre Goldmedaille „für seine Arbeiten zur Beobachtung und Deutung der Spektren von Sternen und Nebeln" verlieh, konnte der damalige Präsident E. A. Milne darauf hinweisen, daß früher schon drei Mitglieder der Familie dieselbe Ehrung erhalten hatten; Friedrich Georg Wilhelm Struve 1826, Otto Wilhelm Struve 1850 und dessen Sohn Hermann Struve, der Begründer der Sternwarte Berlin-Babelsberg, 1903.

Wie sein Urgroßvater Friedrich Georg Wilhelm Struve, so geriet auch Otto Struve in jungen Jahren in den Strom politischer Umwälzungen. Im ersten Weltkrieg kämpfte er in der russischen Armee. Nach Ausbruch der Revolution schloß er sich der weißrussischen Armee an; als diese zusammenbrach, gelangte er auf abenteuerlicher Flucht zunächst in die Türkei und von dort in die Vereinigten Staaten, wo sich E. B. Frost, der Direktor des Yerkes Observatory der Universität Chicago, seiner menschlich wie wissenschaftlich auf das freundlichste annahm. Mit zäher Energie und bei äußerst bescheidenem Lebensstil konnte Otto Struve hier das in Charkow begonnene Studium der Astronomie wieder aufnehmen und 1923 mit dem Ph. D. abschließen. Im selben Jahr erschienen im Astrophysical Journal — das er später viele Jahre lang redigiert hat — Struves erste Publikationen aus einem Forschungsgebiet, das sozusagen Anregungen aus der Struveschen Familientradition mit solchen aus seiner neuen Heimat vereinigte, nämlich der spektroskopischen Untersuchung von Doppelsternen. Zeit seines Lebens ist Otto Struve auf diesen Problemkreis, dem seine besondere Liebe galt, immer wieder zurückgekommen.

Am Yerkes Observatory begann Otto Struve alsbald am 40″ Refraktor mit dem aus der Zeit G. E. Hales stammenden Bruce-Spektrographen eine äußerst fruchtbare Beobachtungs- und Forschungstätigkeit. Die eigene Beobachtung am Teleskop war und blieb für Struve auch später, als die Zahl jüngerer Mitarbeiter größer und größer wurde, das Fundament seiner Arbeit; hierauf konnte und wollte er nie verzichten. In rascher Folge wurden dabei neue Phänomene entdeckt. Neben ihrer Klärung läuft der ständige Ausbau älterer Forschungsgebiete meist viele Jahre lang in zahlreichen Arbeiten weiter. Wir können hier nur auf den Einsatz jeweils neuer Themen aufmerksam machen; die unerschöpfliche Fülle der Publikationen von O. Struve und seinen Mitarbeitern zeigt ein von Herrn H. Wendker, Münster, zusammengestelltes Literaturverzeichnis.

Schon die ersten spektroskopischen Untersuchungen O. Struves über visuelle und spektroskopische Doppelsterne und dann seine Radialgeschwindigkeitsmessungen deuten an, daß er keineswegs daran dachte, bei den damaligen Schemata spektroskopischen Beobachtens stehen zu bleiben.

1925/27 greift er höchst energisch die Probleme der interstellaren Linien und der interstellaren Materie auf. Er beginnt sich für die Deutung der Spektren früher Typen zu interessieren und entdeckt 1929 zusammen mit G. Shajn — ausgehend von engen Doppelsternen — die Rotation einzelner Sterne. Noch im selben Jahr beginnt eine längere Reihe von Arbeiten über die Verbreiterung der Wasserstoff- und Heliumlinien durch den Starkeffekt der elektrischen Felder geladener Teilchen. Daran schließen sich an die Deutung der verbotenen He-Linien und die Verwendung der Balmerlinien zur Bestimmung der absoluten Helligkeit früher Sterne. Im Herbst 1929 lernte ich selbst auf der Rückreise vom Mt. Wilson Observatory Otto Struve in Williams Bay zum erstenmal kennen. Aus den lebhaften Unterhaltungen mit ihm und seinem langjährigen Mitarbeiter C. T. Elvey entstand alsbald eine gemeinsame Arbeit, in der zum erstenmal die Theorie der Wachstumskurve auf interstellare Linien angewandt wurde. Im Anschluß an die Deutung der rotationsverbreiterten Linien früher Spektraltypen gelang es 1931 O. Struve, die Emissionslinien der Be-Sterne auf gasförmige Hüllen bzw. Ringe ebenfalls rasch rotierender Sterne zurückzuführen. Einen weiteren grundsätzlichen Beitrag zur Deutung der Sternspektren bildete

1932 die Entdeckung der „Turbulenz", d. h. statistisch verteilter Strömungen in Sternatmosphären, deren Geschwindigkeit oft an die Schallgeschwindigkeit heranreicht. Der wichtigste Effekt dieser Strömungen besteht darin, daß der flache Teil der Wachstumskurve angehoben wird, so daß die Linien mittlerer Intensität im Spektrum sämtlich verstärkt erscheinen. Neben diesen Arbeiten her liefen in den 35er-Jahren ständig Untersuchungen über die Spektren einzelner Sterne teils mit dem Ziel, die Identifikationen der Linien zu vervollständigen, teils im Hinblick auf das Problem der Spektralklassifikation. Aus diesen Ansätzen heraus haben dann W. W. Morgan und P. C. Keenan in den 40er-Jahren die heute allgemein gebräuchliche MK-Klassifikation der Sternspektren entwickelt. Nicht vergessen seien die von O. Struve zusammen mit vielen Mitarbeitern in jenen Jahren durchgeführten spektroskopischen Untersuchungen über Hüllensterne, über zahlreiche Doppelsternsysteme mit Gashüllen, ε Aurigae, β Lyrae usw. Diesem wichtigen Aspekt von O. Struves Wirken hat kürzlich C. H. Payne-Gaposchkin eine hübsche Würdigung gewidmet, so daß wir uns hier kurz fassen dürfen.

Im Zusammenhang mit solchen Arbeiten entstand naturgemäß der Wunsch nach besseren Beobachtungsmöglichkeiten.

Es ergab sich die Möglichkeit einer Zusammenarbeit zwischen der University of Chicago und der University of Texas, welche durch ein Vermächtnis des 1926 verstorbenen Bankiers W. J. McDonald aus Paris in Texas die Mittel zum Bau eines großen Teleskopes erhalten hatte. Otto Struve ging — auf das wirksamste unterstützt von seiner Gattin Mary Struve — mit gewohnter Energie und Zielstrebigkeit ans Werk. 1933 wurde der Kontrakt mit der Warner and Swasey Co. in Cleveland geschlossen, und schon am 5. Mai 1939 konnte das 82″ Teleskop des McDonald Observatory auf dem Mt. Locke bei Fort Davis/ Texas eingeweiht werden. Das Symposium (5.—8. Mai 1939) „On Galactic and Extragalactic Structure" wird allen Teilnehmern als die schönste Tagung ihres Lebens in Erinnerung bleiben. „Wer kennt die Völker, zählt die Namen, die gastlich hier zusammenkamen?" Pres. R. M. Hutchins, W. S. Adams, W. Baade, A. H. Compton, E. Hubble, E. A. Milne, J. H. Oort, J. S. Plaskett, H. N. Russell, H. Shapley u. a.; dazu viele der jüngeren Generation. Neben Vorträgen von höchstem Rang bleibt in froher Erinnerung das „Chuck Wagon Dinner" inmitten einer herrlichen Landschaft! Nach dem Fest ging es sofort an die Arbeit. Mit dem neuen Coudé-Spektrographen und vollends dem neuen UV-Spektrographen und seinen zwei riesigen Prismen aus feinstem brasilianischem Quarz war auch dies ein ungetrübtes Vergnügen! Hier konnte O. Struve nun die ganzen Arbeitsgebiete: Enge Doppelsterne, P Cygni-Sterne, β Lyrae, das neu erschlossene ultraviolette Gebiet der B und A Sterne usw. mit ganz erheblich verbessertem Instrumentarium in Angriff nehmen. Der zusammen mit C. T. Elvey im Anschluß an ein einfaches Modell am Yerkes-Refraktor erbaute sehr lichtstarke Nebelspektrograph gestattete die Beobachtung der weit am Himmel verteilten Hα-Emissionsgebiete. Deren Theorie hat dann B. Strömgren entwickelt; nach ihm bezeichnen wir heute die ziemlich scharf abgegrenzten Bereiche, in denen der interstellare Wasserstoff durch einen oder mehrere Sterne frühen Spektraltyps ionisiert wird, als HII-Regionen. Bis 1947 hat O. Struve die Direktion der Yerkes- und McDonald-Observatorien nebeneinander ausgeübt; dann übergab er diese schon verwaltungsmäßig sehr umfangreiche Tätigkeit an jüngere Mitarbeiter und übte bis 1950 offiziell — d. h. neben den unermüdlich weitergeführten Arbeiten über das interstellare Medium, über T Tauri-Sterne, über Stoßwellen in RR Lyrae-Sternen usw. — das Amt des Chairman of the Astronomy Department an der Universität Chicago aus. Dann folgte er dem — auch klimatisch verlockenden — Angebot der University of California in Berkeley, dort die entsprechende Stellung und die Direktion des Leuschner Observatory zu übernehmen. Seine Beobachtungstätigkeit hat O. Struve in diesen Jahren teils am Lick Observatory, teils an den Mt. Wilson and Palomar Observatories weitergeführt. Daneben entfaltete er — nun in engem Kontakt mit der übrigen

Universität — eine rege Lehrtätigkeit. So entstanden die „Leitartikel", die er nun zu jedem Heft der populären Zeitschrift „Sky and Telescope" beisteuerte, wie dies einst H. N. Russell jahrelang für den „Scientific American" getan hatte. So entstanden weiter aus Vorträgen die Werke: „Stellar Evolution" (1950) und „The Universe" (1961) sowie, vor allem für die Studenten, die Lehrbücher „Elementary Astronomy" (zus. mit B. Lynds und H. Pillans, 1959) und „Astronomy of the 20th Century" (mit V. Zebergs, 1962). Die „Astronomie" hat sich, in der deutschen Übersetzung durch H. Klauder, auch an den deutschen Hochschulen rasch den gebührenden Platz erobert.

Doch damit haben wir dem historischen Ablauf der Dinge weit vorgegriffen. Die überaus rasche Entwicklung der Radioastronomie seit dem Kriegsende 1945, insbesondere in Australien und England, ließ die amerikanischen Wissenschaftler nicht ruhen. O. Struve hatte als einer der ersten Astronomen schon vor dem Kriege die große Bedeutung des neuen Forschungsgebietes erkannt und fühlte sich verpflichtet, mit dafür zu sorgen, daß es in USA in Verbindung mit der optischen Astronomie gebracht und energisch gefördert wurde. So übernahm er 1959 bis 1962 den Aufbau und die Leitung des National Radio Astronomy Observatory in Green Bank, West Virginia.

Neben der umfangreichen und nicht immer restlos erfreulichen Verwaltungsarbeit für dieses Institut führte O. Struve seine spektroskopischen Arbeiten über β Lyrae, die β Canis Majoris Sterne und vieles andere weiter.

1962 trat O. Struve, wie vorgesehen, als Direktor des National Radio Astronomy Observatory in den Ruhestand. Schon vorher hatte er zwei günstige Möglichkeiten an der Hand, um seine Forschungen nun ohne die Last offizieller Verpflichtungen fortsetzen zu können. Als Mitglied des Institute for Advanced Studies in Princeton konnte er dort vier Monate im Jahr arbeiten; die Ernennung zum Addison White Greenway Professor am California Institute of Technology in Pasadena stellte gleichzeitig die ausgezeichneten Hilfsmittel der Mt. Wilson and Palomar Observatories für weitere vier Monate im Jahr zur Verfügung. Als ständigen Wohnsitz aber wählten Struves wieder Berkeley. Auf dem Arbeitsprogramm standen noch viele Pläne: ein Buch über Sternspektren, ein weiteres über die Häufigkeiten der Elemente in Sternatmosphären, eine gründliche Neubeobachtung des Spektrums von α Bootis u. a.

Eine wichtige Rolle in O. Struves Lebenswerk spielt neben der Arbeit am Teleskop und am Schreibtisch sein unermüdliches Wirken für internationale Zusammenarbeit und internationale Verständigung in der Wissenschaft. Vielerlei traurige Erfahrungen hatten ihm schon früh eindringlich klar gemacht, wie leicht der Einzelne und vollends der Forscher mit seinen über die Welt des „Normalverbrauchers" hinausgehenden Zielen zwischen die Zahnräder der Politik gerät. Während er seinerseits aus seiner Ablehnung diktatorischer Regime jeden Vorzeichens kein Hehl machte, hat er andererseits keine Mühe und Unannehmlichkeit gescheut, die Astronomen der ganzen Welt zusammenzuhalten. Als wichtigstes Hilfsmittel hierzu erschien ihm unter den verwickelten Verhältnissen nach Beendigung des zweiten Weltkrieges die International Astronomical Union. Als deren Präsident 1952—1955 und als langjähriges Mitglied ihres Executive Committee hat er mit das entscheidende Verdienst, in kritischen Zeiten ihr Auseinanderbrechen in zwei Teile verhindert zu haben. Den Wiederaufbau der deutschen Astronomie nach dem Kriege hat er durch Rat und Tat auf vielfältigste Weise gefördert. Als ich ihm im Frühjahr 1947 von der Neugründung der Astronomischen Gesellschaft schrieb, antwortete er in seiner gewohnt lakonischen Art: „... let me say that as to my own participation in the Astronomische Gesellschaft, I have never resigned from membership in it and presumably shall be glad to continue."

O. Struves Wirken in Forschung und Wissenschaftspflege fand die verdiente Anerkennung in zahlreichen Ehrungen. Er wurde zum Ehrenmitglied vieler wissenschaftlicher Gesellschaften und Akademien ernannt. Die Royal Astronomical Society verlieh ihm 1944 — als viertem Mitglied der Familie Struve —

ihre Goldmedaille, 1948 folgte die Bruce-Goldmedaille der Astronomical Society of the Pacific, 1950 die Draper-Goldmedaille, 1954 die Rittenhouse- und 1955 die Janssen-Medaille. O. Struve war Ehrendoktor dreier amerikanischer Hochschulen sowie der Universitäten Kopenhagen, Liège, Mexico, Kiel und La Plata.

Wir alle haben in ihm nicht nur einen großen Astronomen, sondern auch einen guten Freund verloren.

M. G. J. Minnaert (1893—1970)

Mit M. G. J. Minnaert ist einer der Begründer der modernen Sonnenforschung von uns gegangen. Nicht nur den Astrophysikern, sondern allen Wissenschaftlern, deren Interessen in die Bereiche der Politik, Kunst und Geschichte der Wissenschaft hinüberreicht, wird dieser große Mann sehr fehlen.

M. G. J. Minnaert ist am 12. Februar 1893 zu Brügge in Flandern geboren; er gehörte einer Familie an, in der Lehren und Unterrichten zu den häufigsten Berufen zählte. Nach den üblichen Schuljahren beschloß er, an der Universität Gent Botanik zu studieren; 1914 promovierte er in diesem Fach summa cum laude. Aber der mehr oder weniger qualitative Charakter der damaligen Biologie ließ Minnaert unbefriedigt; er ging nach Leiden, um Mathematik und Physik zu studieren. 1916 kehrte er als Dozent für Physik nach Gent zurück.

Inzwischen war der Weltkrieg ausgebrochen und Flandern wurde von den Deutschen besetzt, die sich bald auch in die alten Feindseligkeiten zwischen der flämischen und der wallonischen Volksgruppe einmischten, die ihre Ursache in höchst komplexen Unterschieden von Sprache, Religion und sozialen Verhältnissen hatten. Minnaert beteiligte sich im Interesse der flämischen Gruppe an der Errichtung einer flämischen Universität in Gent. Dies wurde als Kooperation mit der Besatzungsmacht betrachtet und nach Kriegsende mußte er Gent verlassen.

So kam Minnaert nach Utrecht. Im Physikalischen Institut wurde er bald Observator; er arbeitete zusammen mit dem Direktor Professor W. H. Julius, der sein Interesse an Fragen der Sonnenphysik anregte und förderte. Wir können uns hier nicht im einzelnen mit den Ideen von Julius befassen; nach seinem Tod vollendete Minnaert 1928 dessen Buch *De Naturkunde van de Zon*.

In diesen Jahren hatte Ornstein, der 1924 Julius' Nachfolger wurde, zusammen mit Burger, Dorgelo, Moll, van Cittert und anderen die Methoden der Spektralphotometrie entwickelt. Sie entdeckten die Intensitätsregeln für Zeeman-Aufspaltungsbilder und Multipletts. Bald darauf wurden diese im Sinne der Quantentheorie der Atomspektren gedeutet und allgemeiner formuliert von Kronig, Russell, Sommerfeld und Hönl.

Minnaert begann sogleich, die neuen Meßmethoden und theoretischen Ideen auf die Fraunhoferlinien der Sonne anzuwenden. Es folgten die wohlbekannten grundlegenden Arbeiten über die Wachstumskurve für die Linien des Sonnenspektrums und gerade noch beim Ausbruch des Zweiten Weltkrieges konnte der *Photometric Atlas of the Solar Spektrum λ 3612 to λ 8771 with an Appendix from λ 3332 to λ 3637* von Minnaert, Mulders und Houtgast abgeschlossen und — wenigstens in einigen Exemplaren — versandt werden. Der Mechanismus des Energietransportes in Sonnenflecken wurde zusammen mit A. J. M. Wanders quantitativ untersucht; das Flashspektrum der Chromosphäre zusammen mit A. Pannekoek. Die vielen Veröffentlichungen über Detailfragen der Meßtechnik oder der theoretischen Interpretation im Bereich der Sonnenphysik können wir nicht einmal aufzählen.

Von Zeit zu Zeit erregte auch die Mondphotometrie Minnaerts Interesse und aus dem Utrechter Institut kamen mehrere Publikationen über dieses Forschungsgebiet, das in Verbindung mit den Apolloflügen großes Interesse gewonnen hat. In den letzten Jahren hat Minnaert eine Menge teilweise historischer

Arbeit geleistet für die IAU-Kommission, die sich mit der Benennung der Krater auf der Rückseite des Mondes befaßt.

Im Jahre 1937 wurde Minnaert — nach erheblichen bürokratischen Schwierigkeiten — zum Direktor der Utrechter Sternwarte ernannt. Im Verlaufe von fast vierzig Jahren an der Sternwarte „Sonnenborgh" hat Minnaert eine erhebliche Anzahl junger Astrophysiker herangezogen; viele von diesen haben Forschungsarbeit von großer Bedeutung geleistet.

Erst 1969 konnte Minnaert die glückliche Idee verwirklichen, seine große Erfahrung im praktischen Unterricht in einem Buch *Practical Work in Elementary Astronomy* zusammenzufassen.

Aber wir sollten nun mehr über Minnaerts persönliches Leben in diesen Jahren höchst fruchtbarer wissenschaftlicher Tätigkeit erzählen. Im Jahre 1929 heiratete er Maria Boergonje Coelingh, die ebenfalls im Ornsteinschen Institut arbeitete und ihre Dissertation 1938 abschloß. 1930 und 1931 kamen die Söhne Koenraad und Boudewijn zur Welt. Es dürfte wohl wenige Astronomen geben, die nicht gerne an die freundliche Wärme und Originalität von Minnaert's Heim in der Sterrewacht zurückdenken.

„Und das Unglück schreitet schnell", sagt Schiller. 1940 wurden die Niederlande von den Deutschen besetzt; viele Wissenschaftler wurden eingesperrt, und Minnaert war fast zwei Jahre lang als Geisel inhaftiert, keinen Augenblick sicher davor, ohne jeden Grund von der SS umgebracht zu werden. Im Winter 1944/45 waren die Lebensverhältnisse äußerst schlecht. Endlich, im Mai 1945, kam die Befreiung und bald kehrten das tägliche Leben und die wissenschaftliche Forschung in normale Bahnen zurück. Alle schlechten Erfahrungen, die Minnaert mit der Politik gemacht hatte, steigerten nur seinen Eifer, für eine „bessere Welt" zu arbeiten. Er hat eine Menge Arbeit für viele Kommissionen der IAU geleistet. Jahrelang war er Präsident ihrer Kommission für den Austausch von Astronomen. Zusammen mit seiner Frau arbeitete er, wo er konnte, für die Sache des Friedens, gegen politische Verfolgung, für gegenseitiges Verständnis und Austausch zwischen verschiedenen Ländern in der Wissenschaft und im täglichen Leben. Für derartige Tätigkeit war es von großem Vorteil, daß Minnaert mehr als ein halbes Dutzend Sprachen fließend sprechen und ein weiteres halbes Dutzend lesen konnte. Er nahm großes Interesse an den Ereignissen in Kuba und vor allem an dem Krieg in Vietnam. Die Politiker haben seine Ideen nicht immer geschätzt. Als 1951 die Astronomical Society of the Pacific ihm die Catherine Wolfe Bruce-Medaille verlieh, erhielt er kein Visum, um sie in den USA in Empfang zu nehmen. Otto Struve jedoch — der selbst schlechte Erfahrungen mit der Politik gemacht hatte — brachte die Medaille nach Holland.

Was wir soweit geschildert haben, ist aber nur der „halbe Minnaert"! Die andere Hälfte könnte man am besten mit dem Goethewort charakterisieren: „Zum Sehen geboren, zum Schauen bestellt." Er liebte es sehr zu reisen, zu Fuß durch das weite Land zu wandern, Pflanzen, Tiere und besonders die große Mannigfaltigkeit der Farben und optischen Phänomene in der Atmosphäre, auf dem Wasser, in der Landschaft zu beobachten. Rund um die ganze Welt malte er seine wundervollen Pastell-Landschaften; sie füllen viele, viele Blöcke. Kein Wunder, daß er mit derselben Begeisterung die großen Kunstmuseen in den Niederlanden und in anderen Ländern studierte. Aus diesen Tätigkeiten entsprangen die drei Bände *De Natuurkunde van't vrije Veld*. Der erste Band *Licht en Kleur in het Landschap* hat eben vor zwei Jahren seine fünfte Auflage in Holländisch erreicht, Übersetzungen erschienen in Englisch, Russisch, Polnisch, Armenisch und Hindi. Minnaert machte sich bestimmt seine Gedanken über diese Auswahl der Nationen, aber er hat nie darüber gesprochen. Minnaert war auch ein großer Musikfreund und ein guter Klavierspieler. Er hat eine interessante Arbeit über die Mechanik der Violine geschrieben. In seinem Heim in der Sternwarte hatte er eine schöne Sammlung exotischer Musikinstrumente; er übergab diese der Universität, als er in eine kleinere Wohnung zog. Die Verbindungen zwischen Astronomie und Dichtung bildeten den Gegenstand seines Buches *Dichters over Sterren* (1949); die Beziehungen zwischen Astronomie und Menschheit behandelte er in *De Sterrekunde en de Mensheid* (1946). Auch historische Dinge erregten immer wieder sein Interesse: Fünfzehn Jahre hindurch nahm er an der Herausgabe von Simon Stevins Werken aktiven Anteil.

Es ist nicht verwunderlich, daß Minnaert viele akademische Ehrungen zuteil wurden. 1947 erhielt er die Goldmedaille der Royal Astronomical Society London; wir erwähnten schon die Verleihung der Catherine Wolfe Bruce-Medaille von 1951 durch die Astronomical Society of the Pacific. Minnaerts siebzigster Geburtstag (1963) wurde in Utrecht mit einem höchst interessanten Symposium über *das Sonnenspektrum* gefeiert; dessen Höhepunkt bildete sein Rückblick *Vierzig Jahre Sonnenspektroskopie*. Die Vorträge mit Diskussionen des Symposiums wurden herausgegeben von Professor C. de Jager, der gleichzeitig die Direktion der Utrechter Sternwarte übernahm.

Minnaert erhielt die Ehrendoktorwürde der Universitäten Heidelberg, Moskau und Nizza. Er wurde zum Mitglied gewählt von der Königlichen Akademie Amsterdam, der Königlich Flämischen Akademie Brüssel, dem Institut Coimbra und der Amerikanischen Akademie der Künste und Wissenschaften.

Entsprechend seiner letztwilligen Verfügung fand keine Trauerfeier statt, seinen Körper stellte er der wissenschaftlichen Forschung zur Verfügung. Auch einen Grabstein wollte er nicht haben. Aber Minnaerts Persönlichkeit in ihrer Güte und in ihrer Vielseitigkeit wird fortleben im Gedächtnis seiner vielen Freunde rund um die Welt. Sein wissenschaftliches Werk wird bleiben in den Annalen der wissenschaftlichen Forschung.

Ptolemäus - Kopernikus - Einstein

Die Namen der großen Forscher Claudius Ptolemäus (etwa 120—160 n. Chr.), Nicolaus Kopernikus (1473—1543) — hier sollten wir Galilei, Kepler und Newton als die Begründer der Mechanik einfügen — und Albert Einstein (1879—1955) kennzeichnen fast zwei Jahrtausende des Forschens und Nachdenkens über die Bewegungen der Planeten. Wie wir beim Betrachten eines großen Kunstwerkes oft nicht recht wissen, was uns mehr in seinen Bann zieht, das Irrationale in seiner Gestalt oder die Andeutung geheimer Gesetze, so ist es schwer zu sagen, was mehr zum Studium der Planeten gereizt hat, das scheinbar Erratische ihrer Bahnen am Himmel oder die stufenweise Enthüllung ihrer Gesetzmäßigkeiten.

Beginnen wir unsere Betrachtung an einem allen längst geläufigen Ausgangspunkt: Der kopernikanischen Deutung der Planetenbewegungen. Dabei werden wir — auch im Folgenden — der Einfachheit wegen stets von komplanaren Kreisbahnen sprechen. Die Berücksichtigung der Bahnneigungen und -exzentrizitäten würde vorerst unsere Einsicht nicht wesentlich fördern.

Von der Sonne aus (heliozentrisch) aufgetragen, sei der Lagevektor des Planeten r_{Planet}, der der Erde r_{Erde}. Dann ist der von der Erde aus (geozentrisch) gesehene Ort des Planeten vollständig gekennzeichnet durch den Differenzvektor

$$\boldsymbol{R} = \boldsymbol{r}_{\text{Planet}} - \boldsymbol{r}_{\text{Erde}} \cdot \tag{1}$$

Im oberen Teil der Abb. 1 haben wir dies veranschaulicht für einen äußeren Planeten, den Mars mit einem Bahnradius von 1,52 astronomischen Einheiten (Erdbahnradien), und für einen inneren Planeten, die Venus mit einem Bahnradius von 0,72 astronomischen Einheiten.

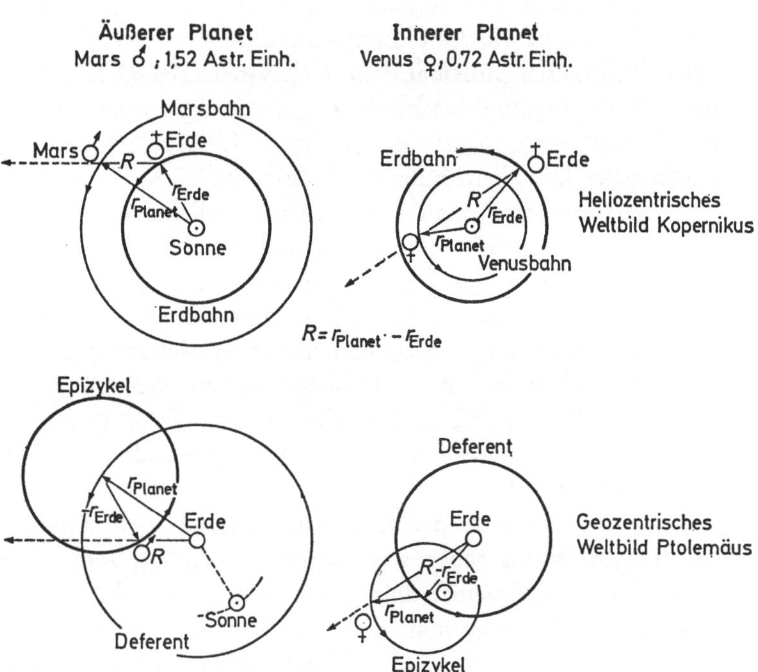

Abb. 1. Bewegung eines äußeren Planeten (Mars) und eines inneren Planeten (Venus) an der Himmelssphäre; heliozentrisch und geozentrisch dargestellt. Der Pfeil ← zeigt jeweils die Stellung des Planeten am Himmel. Die monatlichen Bewegungen von Erde und Planet sind an den Kreisen angezeichnet. Es entsprechen für

	Äußere Planeten	Innere Planeten
Deferent	r_{Planet}	$-r_{\text{Erde}}$
Epizykel	$-r_{\text{Erde}}$	r_{Planet}

Von hier aus kehren wir zurück zum geozentrischen *Standpunkt des Ptolemäus:* Bei den äußeren Planeten beginnen wir damit (Abb. 1, links unten), daß wir nun von der Erde aus zunächst den Vektor r_{Planet} auftragen und ihn in derselben Weise umlaufen lassen, wie vorher um die Sonne. Zu r_{Planet} addieren wir nach (1) den Vektor $-r_{\text{Erde}}$ (das ist der Lagevektor der Sonne, von der Erde aus gesehen) und erhalten nach Gl. (1) wieder den Lagevektor $R = r_{\text{Planet}} - r_{\text{Erde}}$ des Planeten von der Erde aus gesehen. Der immaterielle Kreis, den r_{Planet} mit der (wahren) Umlaufzeit des Planeten um die Erde beschreibt, heißt in der Sprache des ptolemäischen Weltsystems der *Deferent;* der andere Kreis, den um den Punkt r_{Planet} nun der Planet am Ende des Vektors $-r_{\text{Erde}}$ mit der (wahren) Umlaufzeit der Erde (1 siderisches Jahr) beschreibt, heißt *Epizykel.*

Bei den inneren Planeten erschien es naheliegender, die Konstruktion von R damit zu beginnen, daß man um die Erde den größeren Vektor $-r_{\text{Erde}}$ (der die geozentrische Lage der Sonne beschreibt) mit 1 Jahr Umlaufzeit als Deferent kreisen ließ und dann um den Punkt $-r_{\text{Erde}}$ den kleineren Vektor r_{Planet} mit der (wahren) Umlaufzeit des Planeten als Epizykel laufen ließ. Auch diese Konstruktion entspricht soweit noch genau der Gl. (1). Konsequent auf alle Planeten angewandt, würde sie dem *Tychonischen Weltsystem* entsprechen.

Mit der Verlegung des Ursprungs unseres astronomischen Koordinatensystems haben wir aber den Übergang vom kopernikanischen zum ptolemäischen Weltsystem noch nicht vollständig vollzogen: Solange man nur den Ort der Planeten an der Himmelssphäre, d. h. nur ihre Richtung, nicht aber ihre Entfernung messen konnte, kam es auch nur auf die Richtung, nicht aber auf den Betrag des Vektors R an. Man konnte also R für jeden Planeten in einem anderen Maßstab auftragen, d. h. die Vektoren

$$R'_{\text{Planet}} = A_{\text{Planet}} \cdot R_{\text{Planet}}, \tag{2}$$

wo A_{Planet} für jeden Planeten eine willkürliche, aber fest gewählte Zahl bedeutet, geben im ptolemäischen Weltbild noch eine völlig einwandfreie Darstellung der Bewegungen der Planeten am Himmel, die — in diesem Sinne — von der kopernikanischen nicht zu unterscheiden ist.

Blicken wir, vom modernen Standpunkt aus, noch einmal zurück, um nachzusehen, was bei dem stufenweisen Rückgang vom kopernikanischen zum ptolemäischen Weltsystem verloren gegangen ist:

a) Der Wechsel des Koordinatensystems bedeutet den Verzicht auf eine einfache mechanische Erklärung.

b) Die Maßstabfaktoren A_{Planet} lassen zwar die Positionen der Planeten an der Sphäre unverändert; aber nun ist — ptolemäisch gesprochen — nur noch das Radien-Verhältnis Deferent/ Epizykel bestimmt. Die wechselseitigen Lagebeziehungen der Planeten im Raum gehen verloren.

Was Ptolemäus gemacht hat, ist eine rein kinematische Beschreibung der scheinbaren Bewegungen der Planeten am Himmel. Mit Einführung einer komplexen Zahlenebene zur Darstellung der Planetenbewegung könnten wir statt (1) schreiben:

$$R = r_{\text{Planet}} \exp(i\omega_{\text{Planet}}t) - r_{\text{Erde}} \exp(i\omega_{\text{Erde}}t), \qquad (3)$$

wo die komplexen Zahlen r_{Planet} bzw. r_{Erde} die Lage des Planeten bzw. der Erde zur Zeit $t = 0$, ω_{Planet} bzw. ω_{Erde} die Kreisfrequenzen ihrer Umläufe und R wieder die Lage des Planeten von der Erde aus bedeuten. Von hier aus könnte man leicht (durch Addition vieler derartiger Terme) zur Fourier-Darstellung einer beliebigen mehrfach-periodischen Bewegung fortschreiten, genau so wie dies heute noch in jedem Lehrbuch der analytischen Mechanik gemacht wird. Man ersieht daraus, daß der ganze Streit um die bessere oder schlechtere Darstellung irgendwelcher „höherer Terme", dem Kopernikus und seine Gegner große Bedeutung beilegten, mit dem grundsätzlichen Verhältnis der beiden Weltsysteme herzlich wenig zu tun hat.

Die Antike und das Mittelalter aber hatten hierzu noch einen ganz anderen Gesichtspunkt, nämlich den der „Vollkommenheit der Kreisbewegung". Diesen empfand bekanntlich Kopernikus noch als durchaus verbindlich; erst Kepler hat sich davon freigemacht, indem er sich zu einem allgemeineren Standpunkt „mathematisch-physikalischer Ästhetik" aufschwang. Hierauf werden wir unten noch zurückkommen.

Betrachten wir nun umgekehrt den Übergang vom ptolemäischen zum kopernikanischen System, und zwar zunächst vom *Standpunkt der heutigen Naturwissenschaft:* Daß die kinematische Betrachtung der Bewegungen der Planeten am Himmel eine Entscheidung nicht zuläßt, haben wir uns klar gemacht. Offenbar in diesem Sinne sprach übrigens auch Kopernikus selbst von Hypothesen; dies ist — wie E. Rosen [1] überzeugend nachgewiesen hat — keineswegs eine spätere Unterschiebung. Um 1510 sandte Kopernikus an mehrere namhafte Astronomen in Briefform einen „preprint" mit dem Titel „Nicolai Copernici de hypothesibus motuum caelestium a se constitutis commentariolus" [1, 2]. Weiter führten erst Galileis Beobachtungen mit dem Fernrohr (1609): 1. Jupiter mit den ihn frei umkreisenden Monden konnte man als ein „Modell" des kopernikanischen Planetensystems betrachten. Der Gesichtspunkt der „Mechanik" tritt dabei allerdings nur implizit und erst später bei Newton explizit in Erscheinung. 2. Die Phasen der Venus bestimmen die relative Lage von Sonne, Erde und Venus; es folgt daraus also wenigstens $A_{\text{Sonne}} = A_{\text{Venus}}$ (s. Gl. (2)). Die Unmöglichkeit, die Phasen des Jupiter zu erkennen, weist jedenfalls auf die richtige Größenordnung von A_{Jupiter} hin.

Sodann betrachten wir den Übergang vom alten zum neuen Weltsystem vom *Standpunkt des Historikers* aus: In der eben genannten Schrift — die übrigens lange Zeit verschollen war und erst 1877 in der Wiener Hofbibliothek und später auch an anderen Stellen wieder aufgefunden wurde — gibt Kopernikus seinen Ausgangspunkt ganz klar zu erkennen, indem er [3] von Ptolemäus sagt [4]: „Denn es reichte nicht hin, wenn man sich nicht noch bestimmte ausgleichende Kreise vorstellte, woraus hervorging, daß der Planet sich weder auf seinem Deferenzkreise noch in bezug auf den eigenen Mittelpunkt mit stets gleicher Geschwindigkeit bewegte. Eine Anschauung dieser Art schien deshalb nicht vollkommen genug, noch der Vernunft hinreichend angepaßt zu sein." Kopernikus wesentlicher Gesichtspunkt ist genau der der Antike und des Mittelalters: Die gleichförmige Kreisbewegung hat einen besonderen Grad von Vollkommenheit, sie ist der Prototyp der „himmlischen" Bewegungen, denn sie kann ewig in derselben Weise fortgesetzt werden. Die erste Reaktion des modernen Naturwissenschaftlers hierauf ist gewöhnlich: „Wie konnte man nur so lange und so starr an einer vorgefaßten Meinung festhalten?" Seine Miene wird freundlicher, wenn wir die Forderung der Antike und des Mittelalters beschreiben als Invarianz gegen die Transformation der Drehung bzw. die Drehgruppe. Solche gruppentheoretischen Gesichtspunkte haben in der theoretischen Physik immer eine große Rolle gespielt und bilden seit den grundlegenden Arbeiten von E. Wigner [5] (vgl. auch H. Schopper [6]) eines der beherrschenden Prinzipien ihrer neueren Entwicklung. Es ist in der Geschichte der Wissenschaften oft so, daß ein ganz richtiger und wichtiger allgemeiner Gesichtspunkt zuerst in einer unrichtigen speziellen Anwendung auftaucht! Heute wissen wir [7], daß der Invarianz gegen eine bestimmte Gruppe immer ein bestimmter Erhaltungssatz zugeordnet ist. Zum Beispiel ist der Translationsgruppe, d. h. der Forderung der Homogenität des Raumes, zugeordnet das Trägheitsgesetz bzw. der Impulssatz. In Galileis „Dialog über die beiden hauptsächlichsten Weltsysteme, das ptolemäische und das kopernikanische" (1632) wird schon der Fall auf einem bewegten Schiff behandelt. Schon bald darauf hat Chr. Huygens in seinem posthumen Werk „De motu corporum ex percussione" die allgemeinen Stoßgesetze, d. h. den Impulssatz, durch ein Gedankenexperiment mit einem fahrenden Schiff behandelt, dessen Koordinatensystem dem „ruhenden" selbstverständlich als gleichwertig betrachtet wird. Es soll hier nicht weiter erörtert werden, wie der Drehgruppe, d. h. der Isotropie des Raumes, der Drehimpulssatz (z. B. II. Keplersches Gesetz) und der Homogenität der Zeitskala der Energiesatz zugeordnet sind.

Daß die Anwendung von solch allgemeinen und daher selbstverständlich erscheinenden Invarianzprinzipien auf die reale Außenwelt trotzdem ein physikalisches Problem ist und also der Kontrolle durch das Experiment zu unterwerfen ist, zeigte vor wenigen Jahren der aufsehenerregende „Sturz der Parität": O. Laporte hatte s. Z. bei der Analyse komplizierter Spektren gefunden, daß man deren Energieniveaus in zwei Klassen einteilen kann, die nicht miteinander kombinieren und die man als „gerade (even)" bzw. „ungerade (odd)" bezeichnet. E. Wigner[5] entdeckte, daß dies mit der Invarianz der Naturgesetze gegen Spiegelung zusammenhänge und formulierte den Satz von der „Erhaltung der Parität". An dessen unbeschränkter Allgemeingültigkeit hat jahrzehntelang niemand gezweifelt, bis 1956 T. D. Lee und C. N. Yang zeigen konnten, daß er für schwache Wechselwirkungen nicht gilt. L. D. Landau wies 1957 darauf hin, daß man richtig fordern muß die Invarianz gegen Spiegelung und *gleichzeitiger* Vertauschung Materie $\longleftrightarrow$ Antimaterie.

Nachdem die bevorzugte Stellung der Erde im Kosmos aufgegeben und die Planetenbewegung zu einem Problem der Mechanik geworden war, erhob sich die Frage: „Für welches Koordinatensystem bzw. welche Koordinatensysteme gelten eigentlich (in Strenge) die Gesetze der Mechanik?"

I. Newton[8] sagt darüber in den „Principia" (1686): „Der absolute Raum bleibt vermöge seiner Natur und ohne Beziehung auf einen äußeren Gegenstand stets gleich und unbeweglich." Kurz darauf beschreibt er seinen bekannten Eimer-Versuch. Diese Schein-Definition hat L. Lange (1886) im wesentlichen nur umgekehrt, indem er das „Inertialsystem" durch die Einfachheit der in ihm gültigen Naturgesetze auszeichnet. Die Tatsache, daß das Inertialsystem der Mechanik — zum mindesten sehr weitgehend — mit dem Bezugsystem der Astronomie übereinstimmt, bildet den Ausgangspunkt der Auffassung von

E. Mach [9] (1883) — seit A. Einstein spricht man von einem „Machschen Prinzip" —, daß die „absolute" Rotation sinnvoll nur bezogen werden könne auf die großen Massen des Weltalls. Die damit ausgesprochene Gleichheit von mechanischem und optischem Koordinatensystem formuliert man vielfach auch als die Übereinstimmung von „Trägheits- (z. B. Kreisel-)kompaß" und „Fixsternkompaß". Die Möglichkeit zu einer quantitativen Formulierung solcher Ideen eröffnete erst A. Einstein mit der allgemeinen Relativitätstheorie (1916). Ausgehend von dem Äquivalenzprinzip (schwere Masse = träge Masse; Fahrstuhlexperiment) und der Forderung der Invarianz der Grundgleichungen der Physik gegenüber beliebigen Koordinatentransformationen, gelang es ihm, die Mechanik zu geometrisieren und sein System der Feldgleichungen zu finden, aus dem — wie sich erst später ergab — die Bewegungsgleichungen zwangsläufig folgen. Bezüglich der drei klassischen Tests [10, 11] der allgemeinen Relativitätstheorie steht es in experimenteller Hinsicht z. Z. folgendermaßen:

1. Die *Lichtablenkung* an der Sonne sollte theoretisch $1.''75/R$ betragen, wo R den Winkelabstand des Sternes von der Mitte der Sonnenscheibe in Einheiten des Sonnenradius $= 16'$ bedeutet. Die gemessenen Werte der Konstante liegen zwischen $2.''2$ und $1.''75$; jedenfalls erreichen sie nie den „klassischen" Wert von $0.''875$.

2. Die *Rotverschiebung* versuchte man ursprünglich auf der Sonne oder auf geeigneten weißen Zwergsternen, wie dem Siriusbegleiter, nachzuweisen. Bei einigen Ansprüchen an Genauigkeit geht ersteres schlecht wegen der verschieden großen Strömungsgeschwindigkeiten hellerer und dunklerer Konvektionselemente, deren Dopplereffekte gerade in der entscheidenden Größenordnung liegen. Bei den weißen Zwergsternen sind die druckverbreiterten Spektrallinien schlecht zu messen; auch die Radien dieser Sterne kennen wir noch nicht sehr genau.

Bessere Aussichten bietet die Messung der äußerst scharfen γ-Linien des Mössbauer-Effektes im Schwerefeld der Erde. Mittels der „rückstoßfreien" γ-Linie von ^{57}Fe konnten (1960) R. V. Pound und G. A. Rebka [12] über einen Höhenunterschied von 22,6 m die berechnete Frequenzverschiebung $\Delta\nu/\nu = 2,5 \cdot 10^{-15}$ noch innerhalb $\pm 10\%$ verifizieren.

Während 1. und 2. Effekte erster Ordnung sind, erhalten wir einen meßbaren Effekt zweiter Ordnung in der

3. *Periheldrehung der Planeten.* Hier konnten in den letzten Jahren G. H. Clemence und R. L. Duncombe in Washington eine sehr erhebliche Steigerung der Genauigkeit erzielen durch elektronisch programmierte Aufarbeitung eines sehr großen Beobachtungsmaterials. Dabei war es wesentlich, daß man in einer einheitlichen Ausgleichung auch mehrere der anderen Fundamentalkonstanten des Planetensystems gleichzeitig neu bestimmen konnte. Die Ergebnisse sind nach R. L. Duncombe [13]:

	Merkur	Venus	Erde	
Beobachtet:	$43,11 \pm 0,45$	$8,4 \pm 4,8$	$5,0 \pm 1,2$	Periheldrehung in Bogensekunden pro
Berechnet:	$43,03$	$8,6$	$3,8$	Jahrhundert

Insbesondere die wundervollen Arbeiten über die Periheldrehung der Planeten stellen eine eindrucksvolle Bestätigung der Einsteinschen Gleichungen dar.

Dagegen ist es erst in neuester Zeit insbesondere H. Hönl [14] zusammen mit seinen Mitarbeitern H. Dehnen und Ch. Soergel-Fabricius gelungen, die Stellung des Machschen Prinzips in der allgemeinen Relativitätstheorie zu klären.

In der K. Schwarzschildschen Lösung der Einsteinschen Gravitationsgleichungen für das Planetenproblem — aus der man ja die Vorhersagen der drei klassischen Tests (1)—(3) entnimmt — ist bekanntlich nur die Rede von dem zentralsymmetrischen Feld der (punktförmig schematisierten) Sonne. Es ist aber explizit von keinem materiellen Gebilde die Rede, relativ zu dem man den Umlauf des Planeten oder gar die Periheldrehung messen könnte!

Eine ganz analoge Situation enthüllte die genauere Diskussion der de Sitterschen Lösung des kosmologischen Problems für

eine materiefreie Welt. In beiden Fällen spielen offenbar die bei
der Lösung der Differentialgleichungen angenommenen Grenzbedingungen im Unendlichen eine physikalisch wesentliche Rolle!

Im Anschluß an H. Thirrings (1918) relativistische Rechnungen über das Kraftfeld einer rotierenden Kugelschale oder
Kugel konnten H. Hönl [14] und seine Mitarbeiter schließlich zeigen, daß das Machsche Prinzip — Trägheitskompaß ~ Fixsternkompaß — sich konsequent durchführen läßt für alle endlichen
und geschlossenen Weltmodelle. Ob ein anderes Weltmodell
„machisch" oder „anti-machisch" ist, bedarf einer genaueren
Analyse, bezüglich der wir auf die genannte Untersuchung verweisen müssen. Es wurde so klar, daß — entgegen Einsteins ur-
sprünglicher Meinung — das „Machsche Prinzip" nicht zu den
Grundlagen der allgemeinen Relativitätstheorie gehört, sondern
nur bestimmte Klassen von Lösungen vor anderen auszeichnet.
Die naheliegende Vermutung, daß wohl nur erstere als physikalisch sinnvoll betrachtet werden sollten, dürfte zusammenhängen mit einem im Grunde ungelösten Problem der Kosmologie: Die Relativitätstheorie offeriert uns eine große Mannigfaltigkeit möglicher Weltmodelle; wodurch ist demgegenüber
die eine wirkliche Welt ausgezeichnet?

Auch im Zusammenhang mit solchen Fragen haben sich die
Physiker in den letzten Jahren daran erinnert, daß die Gravitation nichts ist als eine besondere Art der Wechselwirkung der
Materie neben den starken, elektromagnetischen und schwachen
Wechselwirkungen. So sind neue experimentelle Untersuchungen über Gravitationsfelder aufgenommen worden, die zwar bis
jetzt — wegen der Kleinheit der Effekte — noch nicht zu positiven Aussagen geführt haben, aber doch unser Interesse verdienen als erste Vorstöße in ein neues und zunächst etwas
fremdartiges Gebiet der Physik.

1. Das *Äquivalenzprinzip* besagt (wir müssen nun etwas ge-
nauer unterscheiden) in seiner „schwachen" Form [15], daß die
Weltlinie eines Probekörperchens — unter dem Einfluß nur von
Gravitationsfeldern — nur abhänge von Anfangslage und -ge-

schwindigkeit, aber nicht von chemischer Zusammensetzung, Art der Elementarteilchen etc. Schon R. v. Eötvös und seine Mitarbeiter, zuletzt J. Renner [16] (1935), hatten mittels der Drehwaage die „Gleichheit von schwerer und träger Masse" mit einer (relativen) Genauigkeit von $(0{,}21 \pm 0{,}56) \cdot 10^{-9}$ bestimmt. R. H. Dicke, P. Roll und R. Krotov [17] gelang es 1961, die Meßfehler auf $< 10^{-11}$ herunterzudrücken!

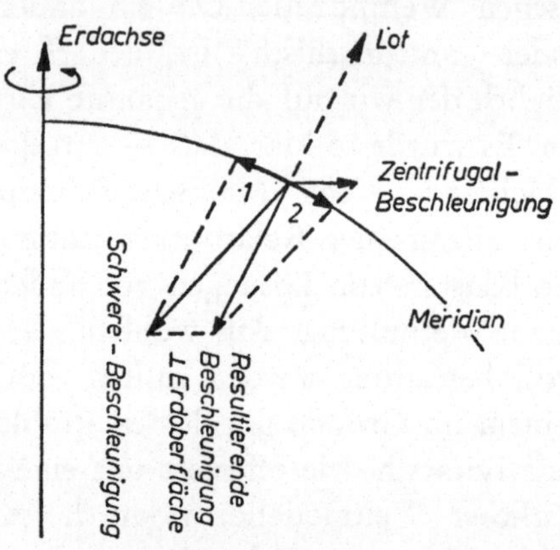

Abb. 2. Gleichheit von schwerer und träger Masse. Messung mit der Eötvösschen Drehwaage. In horizontaler Richtung wirkt auf die beiden Massen der Drehwaage die Horizontalkomponente der Schwerkraft (1) und die entgegengesetzt gleiche Komponente der Zentrifugal(Trägheits)kraft (2). Die entsprechenden Beschleunigungen in der N-S-Richtung betragen z. B. in 45° Breite 1,7 cm s^{-2}

2. Nach einer *Anisotropie der Trägheit,* etwa unter dem Einfluß benachbarter Massen, haben nach einem Vorschlag von G. Cocconi und E. Salpeter (1958) neuerdings V. W. Hughes, H. G. Robinson und V. Beltran-Lopez (1960) sowie R. W. P. Drever (1961) gesucht [18, 19, 20]. Letztere benutzen den ^{7}Li-Kern, dessen Spin $I = {}^3/_2$ von einem ungeraden $p_{3/2}$-Proton herrührt. Die Kerne werden orientiert in einem Magnetfeld, das insbe-

sondere $\|$ oder $\perp$ zur Richtung nach dem galaktischen Zentrum gelegt werden kann. Eine mögliche Anisotropie der Trägheit wird dann im Kernresonanzexperiment gemessen; R. W. P. Drever fand schließlich $\Delta m/m < 5 \cdot 10^{-23}$.

Bezüglich weiterer Probleme und Versuche möchten wir auf den soeben von H.-Y. Chiu und W. F. Hoffmann[11] herausgegebenen Sammelband „Gravitation and Relativity" hinweisen.

Hinter allen diesen Bemühungen steht — in weiter Ferne — die Frage einer möglichen Verknüpfung zwischen Kosmologie und Theorie der Elementarteilchen. Diese *eine* Welt besteht aus bestimmten Arten von Elementarteilchen und hat im Großen *eine ganz bestimmte Struktur*. Es ist das alte Problem von Mikrokosmos und Makrokosmos.

Anmerkungen

[1] Rosen, E., Three Copernican Treatises, S. 585, Dover Publ. Inc., New York 1959.

[2] Kopernikus, N., Erster Entwurf seines Weltsystems (enthält den Commentariolus latein. und dt.), Ed. F. Rossmann. Verlag H. Rinn, München 1948.

[3] Siehe [2] S. 9—10.

[4] Non enim sufficiebant, nisi etiam aequantes quosdam circulos imaginarentur, quibus apparebat neque in orbe suo deferente, neque in centro proprio aequali semper velociate sidus moveri. Quapropter non satis absoluta videbatur huiusmodi speculatio, neque rationi satis concinna.

[5] Wigner, E., Phys. Bl. **7**, 433 (1951).

[6] Schopper, H., Naturwiss. **50**, 205 (1963).

[7] Das erste Lehrbuch der theoretischen Physik, in dem dieser Gesichtspunkt gebührend in den Vordergrund gerückt wird, dürfte m. W. übrigens das von L. D. Landau und E. M. Lifschiz sein.

[8] Newton, I., Math. Prinzipien der Naturlehre; ed. J. Ph. Wolfers. R. Oppenheim-Verlag, Berlin 1872, S. 25.

[9] Mach, E., Die Mechanik in ihrer Entwicklung, historisch-kritisch dargestellt. F. A. Brockhaus, Leipzig 1883.

[10] Witten, L. (Ed.), Gravitation. J. Wiley Sons, New York u. London 1962.

[11] Chiu, H.-Y. and W. F. Hoffmann (Ed.), Gravitation and Relativity. W. A. Benjamin Inc., New York-Amsterdam 1964.

[12] Pound, R. V. and G. A. Rebka, Jr., Phys. Rev. Letters 4, 337 (1960).

[13] Duncombe, R. L., Astron. J. 61, 174 (1956).

[14] Hönl, H., Unsere heutigen Anschauungen vom Machschen Prinzip. Wiss. Ber. Nr. 3/63; Ernst-Mach-Institut, Freiburg i. Br. 1963.

[15] Das weitergehende „starke" Äquivalenzprinzip fordert, daß es in jedem Weltpunkt ein lokales „Inertialsystem" gebe, in dem *alle* physikalischen Gesetze eine gravitationsfreie Form annehmen.

[16] Renner, J., Ungar. Akad. Wiss. 53, II (1935).

[17] Dicke, R. H., Scientific American 205, 84 (1961).

[18] Cocconi, G. u. E. E. Salpeter, Nuovo Cimento 10, 646 (1958) und Phys. Rev. Letters 4, 176 (1960).

[19] Hughes, V. W., H. G. Robinson u. V. Beltran-Lopez, Phys. Rev. Letters 4, 342 (1960) und Bull. Amer. Phys. Soc. 6, 424 (1961).

[20] Drever, R. W. P., Phil. Mag. 6, 683 (1961).

Weitere Literatur

Einstein, A., The Meaning of Relativity. Methuen & Co., London 1950; Föppl, L., Elementare Mechanik vom höheren Standpunkt. Oldenbourg, München 1959.

Struve, O., mit B. Lynds und H. Pillans, Astronomie (dtsch. v. H. Klauder). W. de Gruyter & Co., Berlin 1962.

Landau, L. D. u. E. M. Lifschiz, Lehrbuch der theoret. Physik. Bd. I Mechanik (dt. v. G. Heber). Akademie-Verlag, Berlin 1962.

78

Die chemische Zusammensetzung der Sterne

Die Häufigkeiten der Elemente in den direkt beobachtbaren Atmosphärenschichten der Sterne hängen zusammen mit der Energieerzeugung durch Kernprozesse im Inneren der Sterne und mit dem Entwicklungsstadium der Sterne. — Zur quantitativen Analyse eines Sternspektrums berechnet man zunächst mehrere „Modellatmosphären" mit vorläufigen Zahlenwerten für die effektive Temperatur T_e, die Schwerebeschleunigung g an der Sternoberfläche und die relativen Häufigkeiten der wichtigeren Elemente. Man erhält die Temperaturverteilung aus der Theorie des Strahlungsgleichgewichtes in Verbindung mit der Quantentheorie des kontinuierlichen Absorptionskoeffizienten, die Druckschichtung aus der hydrostatischen Gleichung. Die Berechnung der Fraunhoferschen Linien setzt eine Theorie der Linienabsorptionskoeffizienten und der Linienbreiten voraus. Schließlich werden durch Vergleich der berechneten Spektren mit dem gemessenen Sternspektrum die endgültigen Zahlenwerte für T_e, g und die Häufigkeiten der Elemente in der Sternatmosphäre ermittelt. — Die Hauptsequenzsterne und die heißen Übergiganten, d. h. die Sternpopulation I der Spiralarme und die Population der Milchstraßenscheibe, haben die gleiche chemische Zusammensetzung; diese stimmt überein mit der des interstellaren Mediums. In den alten Population-II-Sternen des galaktischen Halos (Schnelläufer, Subdwarfs) ist dagegen die Häufigkeit aller schweren Elemente relativ zum Wasserstoff reduziert um Faktoren bis zu 200, vielleicht sogar 500 (Urmaterie unserer Milchstraße). In den Heliumsternen ist auch in der Atmosphäre fast aller Wasserstoff in Helium verwandelt, es handelt sich wohl um weitgehend durchmischte Sterne.

I. Einleitung [1]

Die von Kirchhoff und Bunsen 1859 gefundenen Grundgesetze
der Spektralanalyse erlaubten die qualitative Identifizierung
vieler Elemente in den Atmosphären der Sonne und der Sterne.
Darüber hinaus schuf Kirchhoffs Entdeckung der nach ihm benannten Beziehung zwischen Emission und Absorption der
Strahlung im thermodynamischen Gleichgewicht eine der wichtigsten Grundlagen für die quantitative Analyse der Spektren.
Davon konnte die Astrophysik aber erst fruchtbaren Gebrauch
machen, nachdem die Quantentheorie in den zwanziger Jahren
tiefere Einsicht in die Zusammenhänge zwischen Atombau und
Spektrallinien und damit in Verhalten und Strahlung der Materie unter kosmischen Bedingungen gab.

Mit Sahas Theorie der thermischen Ionisation begann 1920
die moderne Theorie der Sternspektren. In den zwei folgenden
Jahrzehnten wurde — anknüpfend an Arbeiten von K. Schwarzschild, Eddington und Russell — die quantitative Analyse kosmischer Spektren entwickelt. Die Ergebnisse, die Häufigkeitsverteilung der chemischen Elemente in den Atmosphären, d. h.
den direkt beobachtbaren Schichten, verschiedener Sterne können wir — und das ist das Aufregende — in Zusammenhang
bringen mit neueren Vorstellungen über die Energieerzeugung
im Sterninneren durch Kernprozesse und dadurch mit den Problemen der Sternentwicklung. Es handelt sich hier zunächst um
Kernprozesse und Häufigkeitsverteilung der leichteren Elemente.
Aber auch bezüglich der schweren Elemente sprechen immer
stärkere Argumente dafür, daß wir von der lange populären
Theorie des „Urknalls" übergehen müssen zur Vorstellung ihrer
Entstehung in bestimmten Phasen der Sternentwicklung. So
erscheint es angebracht, unserem eigentlichen Thema einige Bemerkungen über die Entwicklung der Sterne und der Milchstraße
voranzustellen.

1. Entwicklung der Sterne

Nach unseren heutigen Vorstellungen spielt sich der Lebenslauf eines Sternes etwa folgendermaßen ab: Aus der interstellaren Materie (Dichte ca. 10^{-23} g/cm³) bilden sich Wolken von mehreren hundert bis tausend Sonnenmassen. Eine solche Wolke zerteilt sich, und durch weitere Kondensation entstehen zahlreiche Sterne, eine sogenannte Sternassoziation oder ein Sternhaufen. Die Entwicklung dieser Sterne verfolgen wir im Hertzsprung-Russell-Diagramm oder — was auf dasselbe herauskommt — im Farben-Helligkeits-Diagramm (Abb. 1). Als Abszisse tragen wir den Spektraltyp (Farbenindex) oder die Temperatur des Sternes auf; als Ordinate nehmen wir seine absolute Helligkeit (bezogen auf eine Entfernung von 10 parsec = 32,6 Lichtjahren) oder seine Leuchtkraft (bezogen auf die Sonne). In diesem Diagramm beginnt ein junger Stern seine Kontraktionsphase rechts als ausgedehnte kühle Masse, die sich bei der Kontraktion erhitzt; der Stern wandert im Diagramm nach links. Die kontrahierenden Sterne sind offenbar ziemlich instabil; es sind die rasch veränderlichen T-Tauri- und RW-Aurigae-Sterne, in deren Atmosphären heftige Eruptionen, sogenannte Flares, und vielleicht sogar Kernprozesse durch hochenergetische Teilchen eine Rolle spielen.

Ein Stern von beispielsweise einer Sonnenmasse hat sich nun nach etwa 20 Millionen Jahren soweit kontrahiert, daß in seinem Inneren bei Temperaturen von ca. $10^7\,{}^\circ$K die Umwandlung von Wasserstoff in Helium beginnt. Dies geschieht bei den kleineren Sternen (bis wenig über eine Sonnenmasse) durch direkte Fusion, bei den massiveren Sternen mit etwas höheren Zentraltemperaturen durch den von Bethe und v. Weizsäcker 1938 gefundenen Kernreaktionszyklus

$$^{12}C(p,\gamma)^{13}N(\beta^+\nu)^{13}C(p,\gamma)^{14}N(p,\gamma)^{15}O(\beta^+\nu)^{15}N(p,\alpha)^{12}C$$

unter Einbeziehung von Kohlenstoff und Stickstoff, sozusagen als Katalysatoren. Der Stern befindet sich jetzt auf der Haupt-

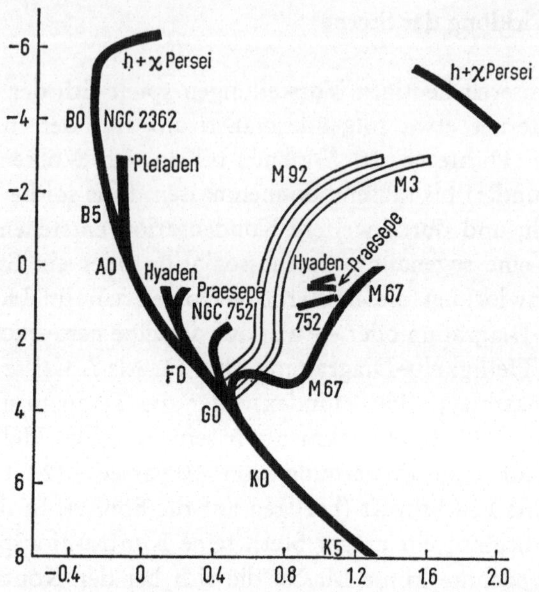

Abb. 1. Farben-Helligkeits-Diagramme oder Hertzsprung-Russell-Diagramme der galaktischen Sternhaufen h + χ Persei, NGC 2362, Pleiaden, Hyaden, Praesepe, NGC 752, M 67 sowie der Kugelsternhaufen M 92 und M 3 (nach [2]). Abszisse: Farbenindex B—V. Ordinate: Absolute visuelle Helligkeit M_v (bezogen auf 10 parsec = 32,6 Lichtjahre Entfernung). Entlang der Hauptsequenz sind die Spektraltypen S angegeben. Die Stelle, an der das Diagramm eines Haufens von der Hauptsequenz nach rechts abbiegt, charakterisiert sein Alter. Es beträgt nur 3 Millionen Jahre für h + χ Persei, etwa 10 Milliarden Jahre für die ältesten galaktischen Sternhaufen, wie M 67 und die Kugelsternhaufen (welche zum galaktischen Halo gehören)

sequenz des Hertzsprung-Russell-Diagramms und bleibt hier in einem quasistationären Zustand, bis ca. 10% seines Wasserstoffes zu Helium verbrannt sind. Dies dauert bei den kühleren Sternen (Temperatur höchstens etwas über der Sonnentemperatur) länger als die ganze „Weltgeschichte" (im astronomischen Sinne, d. h. ca. 10 Milliarden Jahre). Die heißen Sterne dagegen verbrennen ihren Wasserstoff sehr rasch, und die bekannten blauen Sterne im Orion beispielsweise, sind zu einer Zeit entstanden, als etwa unsere ältesten Vorfahren sich anschickten, von den Bäumen herabzusteigen.

Für die weitere Entwicklung eines Sternes, nachdem etwa 10% seines Wasserstoffes verbraucht sind, ist es nun sehr wesentlich, ob die ausgebrannte Materie in seinem Inneren ständig mit frischer Materie durchmischt wird oder ob sie als ausgebrannter Heliumkern im Innersten verbleibt. Eine Durchmischung der Sternmaterie geschieht nur ausnahmsweise, ein Heliumkern ist die Regel. Dann verlagert sich die Brennzone der energieerzeugenden Kernprozesse im Stern immer weiter nach außen, der Stern bläht sich auf und wird ein roter Riese, rechts oben im Hertzsprung-Russell-Diagramm. Was weiter geschieht, ist im einzelnen noch nicht hinreichend erforscht. Wahrscheinlich übernimmt zunächst bei noch höheren Temperaturen die Bildung schwerer Vierer-Kerne ^{12}C, ^{16}O, usw. aus ^4He die Energielieferung. Irgendwann dürften — dafür spricht die Häufigkeitsverteilung der schweren Elemente — bei katastrophenartigen Vorgängen (Supernovae?) unter Mitwirkung großer Mengen freier Neutronen auch schwere Elemente gebildet werden. Dabei gibt der Stern einen erheblichen Teil seiner inzwischen durch Kernprozesse chemisch veränderten Materie an das interstellare Gas zurück. Der Rest endet — hier sehen wir wieder deutlicher — als weißer Zwergstern aus entarteter Materie (größtenteils Helium) von enormer Dichte.

2. Entwicklung der Milchstraße

Die Entwicklung der Sterne spielt sich im größeren Rahmen des galaktischen Systems ab (Abb. 2). Dieses begann — wie wir später begründen werden — als eine fast kugelförmige Wasserstoff-Wolke. Aus dieser entstanden die ersten Sterne aus fast reinem Wasserstoff.

Diese ältesten Sterne bilden — soweit sie noch existieren — den Halo der Milchstraße; sie umlaufen das galaktische Zentrum auf stark elliptischen Bahnen und geben sich als sogenannte *Schnelläufer* und *Subdwarfs* zu erkennen. Schon während der Bildung der ersten Sterngenerationen, wobei immer mehr Wasserstoff in Helium und schwere Elemente verwandelt

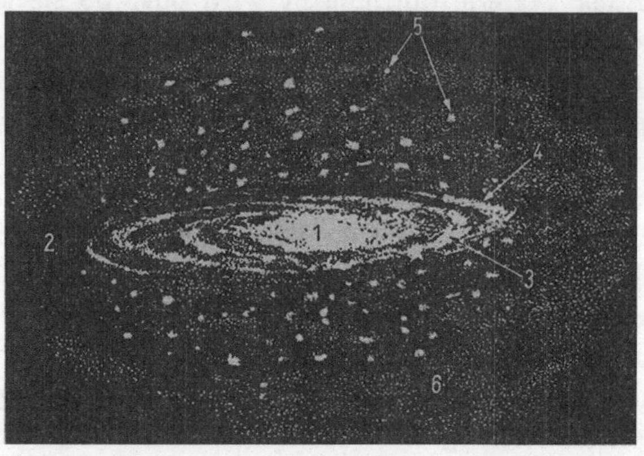

Abb. 2. Struktur und Populationsgruppen der Milchstraße, schematisch (nach [3]). 1: Kern, 2: Scheibe, 3: galaktischer Sternhaufen, 4: Spiralarme, 5: Kugelsternhaufen, 6: Halo

wurde, entstand — senkrecht zur Rotationsachse der Ur-Milchstraße — die galaktische Scheibe, deren Sterne nun fast kreisförmige Bahnen um das galaktische Zentrum beschreiben. Diese Sterne, zu denen auch unsere Sonne gehört, haben alle praktisch die gleiche chemische Zusammensetzung, die auch mit der des heutigen interstellaren Gases, aus dem sie ja entstanden sind, übereinstimmt. In der galaktischen Scheibe haben sich dann aus dem Gas heraus — dies ist ein sehr schwieriges Problem der Magnetohydrodynamik — die Spiralarme gebildet, und in diesen finden wir u. a. die jungen, sehr massereichen und hellen blauen Sterne (O- und B-Sterne), deren Alter ein bis zehn Millionen Jahre schon aus energetischen Gründen nicht übersteigen kann.

Wir sehen, daß die verschiedenen Teile unserer Milchstraße mit Sternen verschiedenen Alters und — wie wir vorwegnehmen — verschiedener chemischer Zusammensetzungen bevölkert sind. Wir sprechen von verschiedenen *Sternpopulationen*, von der Halopopulation II, der Scheibenpopulation und der Extremen Population I der Spiralarme. Die Erkennung dieser Populationen durch W. Baade bildete wohl eine der wichtigsten Entdeckungen der neueren Astronomie.

II. Quantitative Analyse der Spektren

1. Beobachtungsdaten; Profile und Äquivalentbreiten der Fraunhofer-Linien

Das Spektrum der Sonne können wir mit sehr großer Dispersion und einem Auflösungsvermögen $\lambda/\Delta\lambda \approx 10^6$ aufnehmen. Die Sternwarten in Utrecht, Ann Arbor (Michigan), Göttingen u. a. haben photometrische Atlanten (Abb. 3) hergestellt, denen die Intensitätsverteilung in den Linien, das *Linienprofil*, entnommen werden kann. Während das Linienprofil aber in empfindlicher Weise vom Trennungsvermögen des Spektrographen

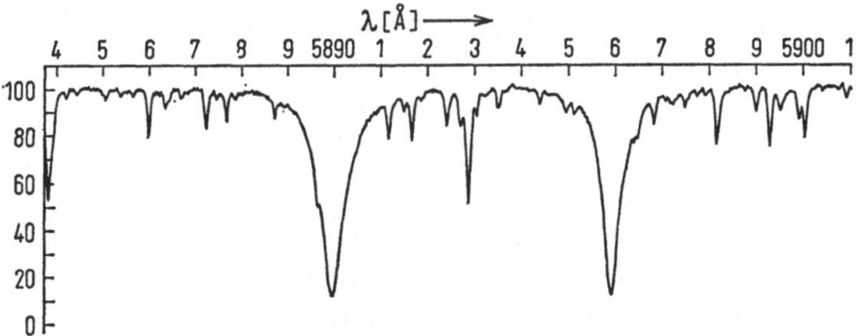

Abb. 3. Utrechter Photometrischer Atlas des Sonnenspektrums. D-Linien des Natriums, $\lambda = 5889,96$ und $5895,93$ Å

abhängt, ist die in der Linie absorbierte *Energie* davon unabhängig. Es ist daher von Vorteil, besonders bei Sternspektren mit kleinerer Dispersion, die *Äquivalentbreite* W_λ zu messen (Abb. 4); diese gibt die Breite (in Angström oder Milliangström) eines rechteckigen Streifens im Spektrum an, dessen Fläche — als Maß der absorbierten Energie — der des Linienprofils gleich ist.

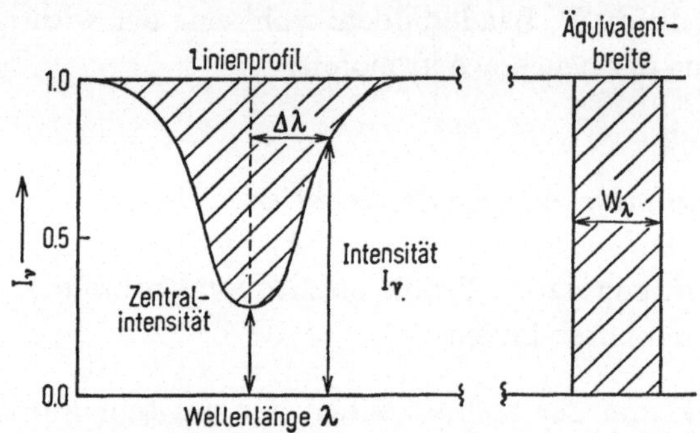

Abb. 4. Profil und Äquivalentbreite W_λ einer Faunhoferlinie

Zur Aufnahme geeigneter Sternspektren reichen die größten Spiegelteleskope und Spektrographen gerade aus. In Deutschland gibt es kein Instrument dieser Art. Dank dem Entgegenkommen amerikanischer Kollegen konnte ich die ausgezeichneten Teleskope und Spektrographen der dortigen Sternwarten benutzen. Am 100″-Hooker-Teleskop des Mt. Wilson Observatory in Pasadena, Calif., kann man z. B. die Spektren von Sternen 7-ter Größe (die man also mit bloßem Auge gerade nicht mehr sieht) im photographischen Gebiet ($\lambda = 3200$ bis 4900 Å) mit 10 Å/mm, im visuellen Gebiet ($\lambda = 4800$ bis 6800 Å) mit 15 Å/mm noch gut bekommen. Vielfach wird es sich auch lohnen, das infrarote Spektralgebiet bis $\lambda = 8800$ Å aufzunehmen. Alle Platten werden selbstverständlich mit Schwärzungsmarken versehen, so daß man — am besten mit einem

86

direkt registrierenden Mikrophotometer — die Profile oder Äquivalentbreiten der Linien messen kann. Eine unserer neueren Arbeiten, die Analyse des A2-Übergiganten α-Cygni durch H. G. Groth, beruht z. B. auf der Vermessung von ca. 800 Linien.

2. Physik der Sternatmosphären

Aus solchen Messungen müssen wir die Parameter ermitteln, welche die Sternatmosphäre charakterisieren. Dies sind die *effektive Temperatur* T_e, die so definiert ist, daß — entsprechend dem Stefan-Boltzmannschen Strahlungsgesetz — der Strahlungsenergiestrom pro cm^2 der Sternoberfläche $\pi F = \sigma T_e{}^4$ wird. Weiterhin brauchen wir die *Schwerebeschleunigung* g $[cm \cdot sec^{-2}]$ an der Sternoberfläche[4]. Und nicht zuletzt wollen wir die chemische Zusammensetzung der Sternatmosphäre, d. h. die *Häufigkeitsverteilung* der Elemente, ermitteln.

Man überlegt sich leicht, daß T_e, g und die Häufigkeitsverteilung der Elemente den Aufbau, d. h. Temperatur- und Druckverteilung, einer statischen Atmosphäre vollständig bestimmen. Hat man es mit Sternen einheitlicher Zusammensetzung zu tun, so fordert die Theorie des inneren Aufbaus der Sterne weiterhin das Bestehen einer Beziehung zwischen Masse, Leuchtkraft und T_e, die bekannte Masse-Leuchtkraft-Beziehung von Eddington. Wenn eine solche besteht, dann hängen T_e und g auch in einfacher Weise mit den beiden Parametern des Hertzsprung-Russell-Diagramms, nämlich T_e und Leuchtkraft L oder absoluter Helligkeit M_v zusammen. Für Sterne einer bestimmten effektiven Temperatur T_e ist nämlich die Schwerebeschleunigung g in einfacher Weise mit der Masse M und dem Radius R des Sterns verknüpft. Die Leuchtkraft L oder die absolute Helligkeit M_v andererseits hängt dann nur von der Größe des Sterns, d. h. seinem Radius R, ab. Nimmt man noch die Masse-Leuchtkraft-Beziehung hinzu, so kann man, wieder für die

Sterne derselben effektiven Temperatur T_e, eine eindeutige Verknüpfung zwischen g und L bzw. M_v berechnen. T_e und g bestimmen also den Ort des Sternes im Hertzsprung-Russell-Diagramm oder — so könnte man auch sagen — einen *Spektraltyp* S und seine *Leuchtkraftklasse* LC. Diese beiden Parameter verwendet man bei der Klassifikation der Sternspektren z. B. nach Morgan und Keenan.

Eine Klassifikation der Sternspektren nach zwei Parametern reicht aber nicht in allen Fällen aus. Neben Unterschieden der chemischen Zusammensetzung müssen wir Strömungen (Turbulenz), Magnetfelder, rasche Rotation und vielleicht weitere Parameter berücksichtigen. Alle diese Größen müssen aus demselben Beobachtungsmaterial bestimmt werden.

Die Kompliziertheit der Aufgabe legt eine successive Approximation nahe. Wir fragen zunächst: Was für ein Spektrum (Äquivalentbreiten, Intensitätsverteilung im Kontinuum) würde nach der Theorie eine Atmosphäre mit vorgegebenem T_e, g und bestimmter chemischer Zusammensetzung geben? Wir berechnen, wie man sagt, *Modellatmosphären*. Dann untersuchen wir, wie die meßbaren Größen, z. B. die W_λ bestimmter Elemente und die Ionisationsstufen, mit den anfangs gewählten Parametern zusammenhängen. Und schließlich verbessern wir diese Parameter so lange, bis eine möglichst gute Übereinstimmung zwischen Modellatmosphären und gemessenem Spektrum erreicht ist. Diese langwierigen Rechnungen werden heute durch elektronische Rechenmaschinen sehr erleichtert.

Die *Temperaturverteilung* in einer Sternatmosphäre wird durch die Art des *Energietransportes* bestimmt. Wie K. Schwarzschild 1905 erkannt hat, wird Energie in den Sternatmosphären vorwiegend durch *Strahlung* transportiert; wir sprechen dann von Strahlungsgleichgewicht. Das mathematische Problem ist einfach, solange der kontinuierliche Absorptionskoeffizient $\varkappa$ frequenzunabhängig ist, oder durch einen Mittelwert über das ganze Spektrum — den sogenannten Rosselandschen Opazitätskoeffizienten $\bar{\varkappa}$ — ersetzt werden kann. Leider reicht aber diese

Näherung meist nicht aus und man ist gezwungen, ein System von Differential- oder Integralgleichungen für die verschiedenen Frequenzen zu lösen, die durch eine Integralbeziehung gekoppelt sind, welche die Konstanz des gesamten Strahlungsstromes, d. h. die Erhaltung der Energie ausdrückt.

Zum *kontinuierlichen Absorptionskoeffizienten* $\varkappa$ tragen mehrere atomare Prozesse (Abb. 5 und 6) bei:

1. Gebunden-Frei- und Frei-Frei-Übergänge der Wasserstoffatome (insbesondere in den heißen Sternen);

2. Gebunden-Frei- und Frei-Frei-Übergänge der negativen Wasserstoff-Ionen H^- (in den kühleren Sternen).

Daneben spielen eine geringere, aber doch nicht vernachlässigbare Rolle die kontinuierliche Absorption des HeI und HeII (in heißen Sternen), sowie der Metalle (kühlere Sterne) und die Streuung des Lichtes an freien Elektronen (Thomson-Streuung; in heißen Sternen) sowie an neutralen Wasserstoffatomen (kühlere Sterne). Über die Kontinua der Moleküle in kühleren Sternen sind unsere Kenntnisse noch ziemlich bescheiden.

Wesentlich für die *Berechnung* des *Energietransportes* durch Strahlung ist die Art der Koppelung zwischen den Elementarprozessen der Absorption und Emission. Zunächst wird man versuchen, mit dem Kirchhoffschen Satz auszukommen, d. h. man macht die Hypothese lokalen thermodynamischen Gleichgewichts, obwohl natürlich — streng genommen — das Bestehen eines Strahlungsstromes mit thermischem Gleichgewicht nicht verträglich ist. Zur theoretischen Rechtfertigung dieser Näherung müßte man nachweisen, daß die Relaxationszeiten aller wesentlichen Elementarprozesse hinreichend kurz sind. Dies gelang bis jetzt nur für die in den kühleren Sternen, z. B. der Sonne, vorherrschende H^--Absorption. Man kann zunächst zeigen, daß trotz Abweichung des Strahlungsfeldes von der Planckschen Formel die Elektronen und die schweren Teilchen eine Maxwellsche Geschwindigkeitsverteilung haben, die wir zur Definition der „lokalen Temperatur" verwenden. Negative

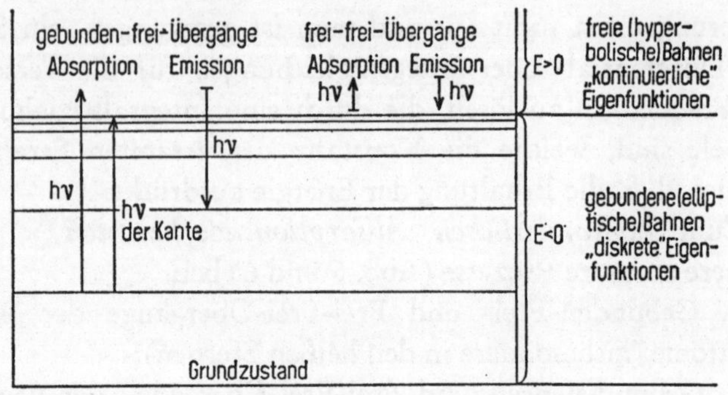

Abb. 5. Entstehung kontinuierlicher Atomspektren. Gebunden-Frei- und Frei-Frei-Übergänge

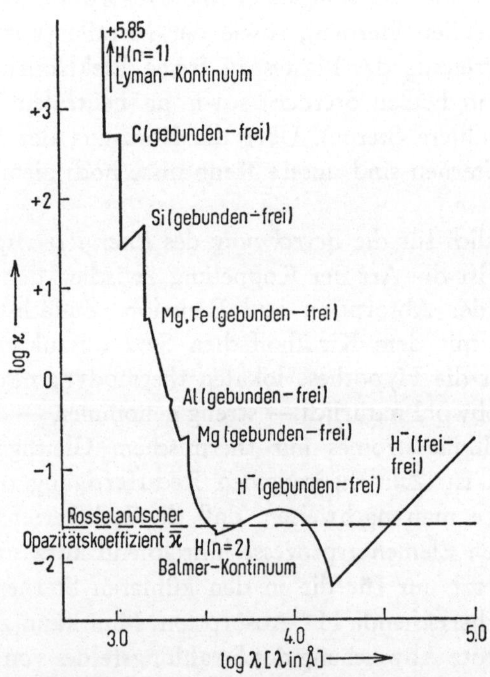

Abb. 6. Kontinuierlicher Absorptionskoeffizient $\varkappa$ pro Gramm Solarmaterie für $T = 5040\,°K$ ($\Theta = 1$) und $\log P_e = 0{,}5$ oder $P_e = 3{,}16$ dyn/cm² (nach [5])

Wasserstoff-Ionen entstehen vorwiegend durch den Prozeß des „associative detachment" (Dalgarno, Pagel):

$$H + H^- \rightleftharpoons H_2 + e^- .$$

Die trotz ihrer geringen Konzentration wichtigen H_2-Moleküle endlich werden durch Dreierstöße der zahlreichen H-Atome gebildet. Dadurch ist das lokale thermodynamische Gleichgewicht gewährleistet.

Ähnliche theoretische Betrachtungen kann man für die Ionisation der Atome anstellen. Hinsichtlich der Besetzungszahlen angeregter Zustände relativ zum Grundzustand dagegen müssen wir uns zur Zeit noch im wesentlichen damit begnügen, die Annahme lokalen thermodynamischen Gleichgewichtes an Hand der Beobachtungen zu verifizieren.

Neben dem Energietransport durch Strahlung spielt in den etwas tieferen Schichten der kühleren Sternatmosphären eine wichtige Rolle der Energietransport durch *Konvektion.* Diese entsteht dort, wo der atomare Wasserstoff gerade teilweise ionisiert ist. Steigt in dieser Wasserstoff-Konvektionszone, z. B. der Sonnenatmosphäre, ein Volumenelement in kühlere Schichten auf, so rekombiniert der Wasserstoff: $H^+ + e^- \rightarrow H$; die Rekombinationswärme (die ca. $25 \, k \cdot T$ entspricht!) wird frei, so daß die Temperatur des Volumenelementes über der der Umgebung bleibt. Es steigt also — wie ein Warmluftballon — weiter auf und eine Konvektionsströmung wird in Gang gesetzt. Diese Wasserstoff-Konvektionszone ist übrigens letzten Endes die Ursache nicht nur der Granulation der Sonnenoberfläche, sondern auch der Sonnenflecken, der Phänomene der Sonnenaktivität und damit der superthermischen Erscheinungen (Radiofrequenzstrahlung, Ultrastrahlung) der „gestörten Sonne".

Von den höheren Schichten der Konvektionszone aus wird ein kleiner Teil des Energiestroms der Sonne in Form von Schall-, Stoß- und anderen Wellen nach außen weitergegeben. Hier kann — wegen der geringen Dichte der Materie — die dissipierte Energie nicht mehr abgestrahlt werden. So kommt es zur Aufheizung der Sonnenkorona auf die enorme Temperatur von ca. 1 Million Grad. Ähnliche Vorgänge dürften in den äußersten Schichten auch anderer kühler Sterne von Bedeutung sein.

In den Übergiganten hoher Temperatur (z. B. α Cygni, 55 Cygni) finden wir weiterhin Energietransport durch irreguläre *Schwingungen* des ganzen Sternes, die in der Sternatmosphäre mehr oder weniger den Charakter von Stoßwellen annehmen.

Die Strömungen in den Sternatmosphären sind für uns wichtig, weniger durch ihren Beitrag zum Energietransport als durch ihren direkten Einfluß auf das Linienspektrum, wie wir noch sehen werden.

Viel einfacher als die Berechnung der Temperaturverteilung ist die der *Druckverteilung*. Die Zunahme des Gasdruckes P mit der Tiefe t in der Atmosphäre können wir meist berechnen nach der hydrostatischen Gleichung

$$dP/dt = g \cdot \varrho$$

wobei ϱ die Dichte und g wieder die Schwerebeschleunigung ist. In heißen Sternen müssen wir neben dem Gasdruck den Strahlungsdruck berücksichtigen. Bei manchen Sternen spielt der dynamische Druck turbulenter Strömungen eine Rolle. In den Sonnenflecken und den Ap-Sternen mit ihren Magnetfeldern von mehreren tausend Gauß müssen auch deren Kräfte berücksichtigt werden.

Ein wichtiges Hilfsmittel zur Berechnung von Modellen für Sternatmosphären sind ausführliche Tabellen, welche für verschiedene Elementmischungen z. B. den Gasdruck P, das mittlere Molekulargewicht pro Teilchen μ, die kontinuierlichen Absorptionskoeffizienten $\varkappa$ für zahlreiche Frequenzen und ihren Rosselandschen Mittelwert $\bar{\varkappa}$, die spezifischen Wärmen c_p und c_v sowie andere thermodynamische Größen mit der Temperatur T und dem Elektronendruck P_e als Argument darstellen.

3. Quantitative Theorie der Fraunhofer-Linien

In praxi kann man das Problem des *Energietransportes* durch *Strahlung* auch an Hand der Spektrallinien weitgehend unter der Annahme lokalen thermodynamischen Gleichgewichtes, d. h. durch Anwendung des Kirchhoffschen Satzes, behandeln. Gerade die enorme Mannigfaltigkeit der möglichen Elementarprozesse — denken wir etwa an das dichte Termschema des Eisenatoms — begünstigt sehr die Annäherung an den Grenzfall lokalen thermodynamischen Gleichgewichtes. Die explizite Rechtfertigung dieser Annahme andererseits durch kinetische Rechnungen ist so kompliziert, daß die Bemühungen der Theoretiker trotz großen Rechenaufwandes noch zu wenig greifbaren Ergebnissen geführt haben.

Die *Intensität* I_ν der Strahlung bei der Frequenz ν in einer Linie, die z. B. von der Mitte der Sonnenscheibe emittiert wird, können wir folgendermaßen berechnen:

Die Strahlungsemission in einer Schicht der Dicke dt in der Tiefe ist proportional der Kirchhoff-Planck-Funktion $B_\nu(T)$ für die dort herrschende lokale Temperatur T und proportional dem Absorptionskoeffizienten, der sich aus einem kontinuierlichen Anteil $\varkappa$ und dem Linienabsorptionskoeffizienten $\varkappa_\nu$ bei der Frequenz ν zusammensetzt. Bis zu ihrem Austritt aus der Sternatmosphäre wird die emittierte Strahlungsintensität $(\varkappa + \varkappa_\nu)\, B_\nu(T)\, dt$ geschwächt um einen Absorptionsfaktor $e^{-\tau_\nu}$, wo $\tau_\nu = \int (\varkappa + \varkappa_\nu)\, dt$ die sogenannte optische Tiefe (für kontinuierliche Absorption plus Linienabsorption) bedeutet. So erhält man schließlich für die beobachtete und z. B. im Utrechter Photometrischen Atlas dargestellte Intensitätsverteilung I_ν in einer Fraunhoferschen Absorptionslinie die wichtige Beziehung

$$I_\nu = \int_0^\infty B_\nu[T(\tau_\nu)]\, e^{-\tau_\nu}\, d\tau_\nu\,.$$

Das reine Kontinuum, von dem ja die Messung ausgeht, ergibt sich einfach durch Weglassen des Linienabsorptionskoeffizienten $\varkappa_\nu$. Unsere Formel zeigt, daß das Kontinuum und die „Flügel" der Linien bei gleicher Tiefenabhängigkeit von $\varkappa$ und $\varkappa_\nu$ in der Hauptsache in einer optischen Tiefe $\tau_\nu \approx 1$ entstehen. Auf der Sonne nimmt jedoch für die das Spektrum beherrschenden neutralen Metalle [FeI, TiI...] die Konzentration der Atome mit wachsender Tiefe in der Atmosphäre wegen der verstärkten Ionisation so rasch ab, daß der „Schwerpunkt" für die Bildung ihrer Linien schon bei einer optischen Tiefe von 0,05 bis 0,1 liegt.

Nicht ganz so einfach ist die Berechnung des *Linienabsorptionskoeffizienten* $\varkappa_\nu$ — etwa pro Atom des Elementes — in Abhängigkeit von Temperatur T, Elektronendruck P_e oder Gasdruck P_g und vom Abstand von der Linienmitte $\Delta\nu$ in Frequenzeinheiten oder $\Delta\lambda$ in Wellenlängeneinheiten. Zum Linienabsorptionskoeffizienten tragen folgende Effekte (Abb. 7) bei:

1. *Dopplereffekt* durch thermische Geschwindigkeiten und turbulente Strömungen. Die thermische Geschwindigkeiten, z. B. der Fe-Atome in der Sonnenatmosphäre (T $\approx$ 5700 °K), betragen 1,3 km/sec, was z. B. für die Linie $\lambda = 3860$ Å einer Dopplerbreite $\Delta\lambda_D = 0,017$ Å entspricht. Entsprechend der Maxwellschen Geschwindigkeitsverteilung der Atome ist die Dopplerver-

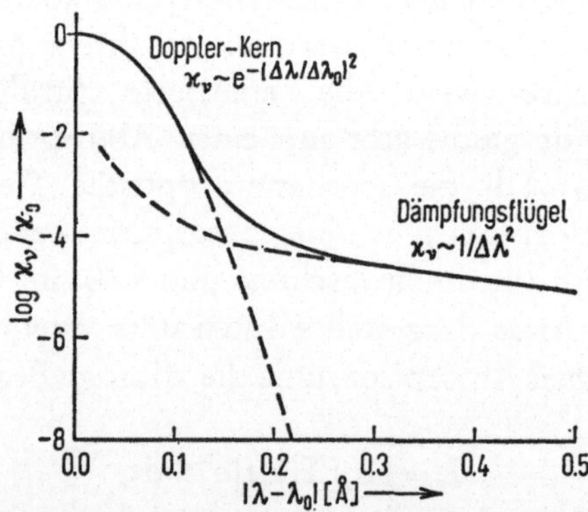

Abb. 7. Linienabsorptionskoeffizient $\varkappa_\nu$ (bezogen auf $\varkappa_0$ für die Linienmitte). Dopplerkern und Dämpfungsflügel der Na-D-Linien berechnet für T = 5700 °K und reine Strahlungsdämpfung

94

teilung des Linienabsorptionskoeffizienten $\varkappa_\nu \sim \exp - (\Delta\lambda/\Delta\lambda_D)^2$. Die turbulenten Strömungen bedingen meist ähnliche Geschwindigkeiten.

2. *Dämpfung.* Hier haben wir auf jeden Fall die Strahlungsdämpfung und dazu — bei etwas höheren Drucken — die Stoßdämpfung. In beiden Fällen handelt es sich darum, daß — in der Sprache der klassischen Theorie — ein vom Atom ausgesandter Wellenzug eine begrenzte zeitliche Länge und daher eine bestimmte Frequenzbreite erhält, wegen der Ausstrahlung der Atome selbst und eventuell außerdem wegen ihrer Störung durch Zusammenstöße mit anderen Teilchen. Ist das Gas vorwiegend ionisiert, so überwiegen vielfach die Stöße durch freie Elektronen; in kühleren Sternen überwiegen meist verbreiternde Stöße durch neutrale H-Atome. Die eigentliche Dämpfungsbreite ist zwar stets wesentlich kleiner als die Dopplerbreite, aber der Absorptionskoeffizient fällt bei Dämpfung in den Linienflügeln nur mit $1/(\Delta\lambda)^2$ ($\Delta\lambda =$ Abstand von der Linienmitte) ab und gewinnt daher in den Linienflügeln stets die Oberhand (Abb. 7).

Der Absolutbetrag der Absorptionskoeffizienten ist stets normiert durch die quantentheoretische Relation

$$\int \varkappa_\nu \, d\nu = (\pi e^2/mc) \cdot N \cdot f \, .$$

Dabei bedeuten e und m die Ladung und Masse des Elektrons, c die Lichtgeschwindigkeit, N die Anzahl der Atome in dem absorbierenden Quantenzustand und f die Oszillatorenstärke. Die hier verwendeten Oszillatorenstärken f sind proportional den bekannten Einsteinschen Übergangswahrscheinlichkeiten. Da man aus der Analyse eines Spektrums die gewünschten Atomzahlen N also immer nur in der Verbindung $N \cdot f$ erhalten kann, ist die Beschaffung genauer *Oszillatorenstärken* eines der wichtigsten und schwierigsten Anliegen des Astrophysikers.

a) Für Wasserstoff und HeII kann man die f-Werte quantentheoretisch exakt berechnen.

b) Für einigermaßen wasserstoffähnliche Spektren (insbesondere Systeme mit 1, 2 oder 3 Leuchtelektronen) haben Bates und Damgaard ein sehr zweckmäßiges Näherungsverfahren entwickelt.

c) Für die Spektren der Atome oder Ionen mit mehreren Außenelektronen, die sogenannten Komplexspektren, kann man zunächst Relativmessungen in Emission (z. B. Lichtbogen oder Kingscher Ofen) oder Absorption (Kingscher Ofen) machen. Die Hauptschwierigkeit liegt in der Absolutmessung der f-Werte für wenige ausgewählte Linien des Atoms oder Ions; hier kommt es darauf an, die Zahl der absorbierenden oder emittierenden Atome irgendwie direkt zu messen. Man kann z. B. in den elektrischen Ofen ein zugeschmolzenes Absorptionsgefäß aus Quarz bringen, in dem sich — der Temperatur entsprechend — ein bestimmter Dampfdruck des zu untersuchenden Metalles einstellt. Atomzahlen sind auch im Lichtbogen und im Atomstrahl bestimmt worden. In neuester Zeit ist es sogar gelungen, die Abklingkonstanten einzelner Atomzustände und damit also Übergangswahrscheinlichkeiten elektronisch direkt zu messen. Es ist zu hoffen, daß diese Methode — bei der eine Bestimmung von Teilchenzahlen nicht mehr nötig ist — auch das wichtige und bis jetzt experimentell noch ganz unzugängliche Gebiet der Übergangswahrscheinlichkeiten ionisierter Atome erschließen wird.

Nun wollen wir sehen, wie das *Profil* oder die *Äquivalentbreite* W_λ einer Fraunhoferlinie anwächst, wenn wir die Konzentration der erzeugenden Atome N oder deren Produkt mit f und dem stets mit eingehenden statistischen Gewicht g des unteren Atomzustandes vergrößern (Abb. 8). Der Absorptionskoeffizient ist dabei — wie gesagt — im inneren Teil der Linien bestimmt durch den Dopplereffekt, weiter außen schließen sich die Dämpfungsflügel an, deren Dämpfungskonstante durch Strahlungs- plus Stoßdämpfung bestimmt ist. Wir erhalten so die für die Auswertung der Sternspektren sehr wichtige Wachstumskurve. Die schwachen Linien spiegeln einfach die Doppler-Verteilung des Absorptionskoeffizienten im Linienkern $\varkappa_\nu \sim \exp - (\Delta\lambda/\Delta\lambda_D)^2$ wider und es gilt offensichtlich $W_\lambda \sim g \cdot f \cdot N$. Mit wachsendem $g \cdot f \cdot N$ erreicht die Linienmitte eine maximale Tiefe R_c, die dadurch bestimmt ist, daß man nur noch Strahlung aus den obersten Schichten erhält, deren Temperatur (nach der Theorie des Strahlungsgleichgewichtes) einem bestimmten Grenzwert zustrebt. Andererseits wird die Linie zunächst wenig breiter, man erhält also verhältnismäßig scharfe, tiefe Linien und einen flachen Verlauf der Wachstumskurve.

Dies ändert sich erst, wenn sich mit weiter zunehmendem $g \cdot f \cdot N$ die Dämpfungsflügel bilden. Dort ist der Linienabsorptionskoeffizient $\varkappa_\nu \sim g \cdot f \cdot N \cdot \gamma/(\Delta\lambda)^2$. Daraus folgt, daß die

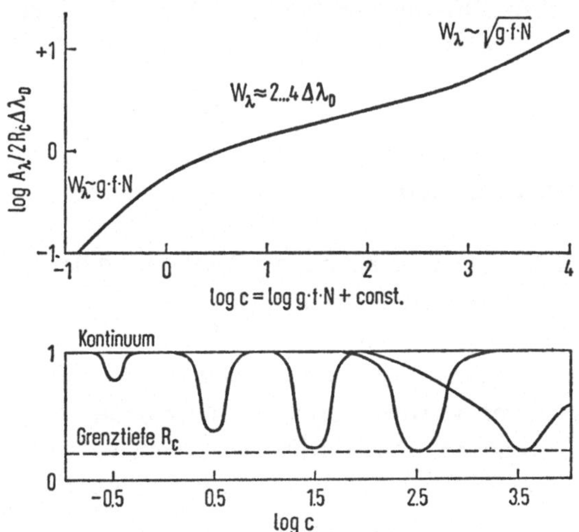

Abb. 8. Wachstumskurve. Die Äquivalentbreite W_λ — bezogen auf einen Streifen der zweifachen Dopplerbreite $\Delta\lambda_D$ und der Grenztiefe R_c — ist aufgetragen als Funktion der Konzentration der absorbierenden Atome, d. h. von $\log(g \cdot f \cdot N) + \text{const.}$ Es wurde angenommen, daß die Tiefenabhängigkeit von kontinuierlicher Absorption und Linienabsorption in der Atmosphäre die gleiche ist und daß die Dämpfungsbreite gleich $^1/_{30}$ der Dopplerbreite ist. Die Linienprofile (unten) veranschaulichen die Entstehung der Wachstumskurve

Breite der Linie bei einer bestimmten Einsenkung und damit auch die Äquivalentbreite W_λ wieder rascher, nämlich $\sim \sqrt{g \cdot f \cdot N \cdot \gamma}$ anwächst. Auf diesem Dämpfungsteil der Wachstumskurve liegen die stärkeren Linien im Sonnenspektrum, z. B. die D-Linien von NaI sowie die H- und K-Linien von CaII.

Besonders wichtig sind die Wasserstofflinien. Da diese im elektrischen Feld besonders große lineare Starkeffekt-Aufspaltungen zeigen, erfolgt ihre Verbreiterung in teilweise ionisierten Gasen in der Hauptsache durch den Starkeffekt der statistisch verteilten Ionenfelder. Diese, ursprünglich von Holtsmark entwickelte Theorie ist neuerdings — insbesondere von Griem und Kolb — verfeinert worden durch Berücksichtigung der nichtadiabatischen Effekte, der Stoßdämpfung der Elektronen und durch eine verbesserte Berechnung des Mikrofeldes im Plasma.

III. Häufigkeitsverteilung der Elemente in den Atmosphären verschiedener Sterne

Nachdem wir versucht haben, die Methodik einer quantitativen Analyse der Sternspektren wenigstens in den gröbsten Umrissen darzustellen, wenden wir uns nun den *Ergebnissen* zu. Die Genauigkeit, mit der ein Element in Sternen verschiedener Temperatur bestimmt werden kann, ist naturgemäß verschieden; es kommt darauf an, durch wieviele Linien es vertreten ist, in welchem Bereich der Wachstumskurve diese liegen und vor allem, wie genau bekannt die Oszillatorenstärken sind. Generell kann man sagen, daß — relativ zum häufigsten Element, dem Wasserstoff — die Linien des Heliums und der leichteren Nichtmetalle wegen der hohen Ionisationsspannungen am besten in den heißen Sternen zu beobachten sind, während sich die Linien der leichter ionisierbaren Metalle in den kühleren Sternen besser erfassen lassen. Die Genauigkeit einer sorgfältigen Bestimmung dürfte etwa $\Delta \log N = \pm 0,3$ entsprechen.

In Tabelle 1 sind Ergebnisse sorgfältiger Spektralanalysen für folgende O- und B-Sterne der Hauptsequenz zusammengestellt (Spektraltyp S und Leuchtkraftklasse LC nach Morgan und Keenan stehen in Klammern): 10 Lacertae (O9 V), τ Scorpii (B0 V), γ Pegasi (B 2,5 V). Die bei der Analyse des Spektrums erhaltene effektive Temperatur T_e und die Schwerebeschleunigung g sind gleichfalls angegeben. Die Tabelle enthält die Logarithmen der Atomzahlen log N, wie üblich bezogen auf log N für Wasserstoff = 12. He und die leichteren Elemente bis Si oder S sind durch hochangeregte Terme vertreten, deren f-Werte ziemlich genau berechnet werden können (Glennon und Wiese 1962). Die schwereren Elemente sind nur in hohen Ionisationsstufen zu erwarten, die im zugänglichen Spektralgebiet keine Linien haben. Dann folgen in Tabelle 1 die heißen Übergiganten ζ Persei (B1 Ib) und 55 Cygni (B3 Ia) sowie die A-Sterne α Lyrae (A0 V) und α Cygni (A2 Ia). In den beiden letztgenannten Sternen sind die temperaturempfindlichen He-Linien äußerst schwach, also nur unsicher zu bestimmen. Dafür kommen unterhalb 10 000 °K die Linien der ionisierten und neutralen Metalle in großer Zahl zum Vorschein. Leider können wir mit den ionisierten Metallen noch wenig anfangen, solange nicht mehr brauchbare Absolutmessungen ihrer Oszillatorenstärken vorliegen. α Cygni ist einer der hellsten Übergiganten; seine Leuchtkraft übertrifft die der Sonne etwa um den Faktor 20 000.

Für die *Sonne* (G2 V) haben wir ein unvergleichlich besseres und umfangreicheres Beobachtungsmaterial als für irgendeinen anderen Stern; außerdem sind T_e und g unabhängig schon bekannt. In Tabelle 1 ist rechts — nur für die wichtigsten Elemente — die neueste und wohl genaueste Analyse von Goldberg, Müller und Aller angegeben. Für einige Elemente hatte schon früher Weidemann etwa dieselbe Genauigkeit erreicht. Eventuelle Fehler in den f-Absolutwerten treten naturgemäß nicht in Erscheinung. Für kühlere Sterne gibt es noch keine einigermaßen befriedigenden Analysen.

Tabelle 1. *Häufigkeitsverteilung (log N) der Elemente in verschiedenen Sterne* *bezogen. Für die „alten" Sterne γ Serpentis, HD 140 283 und den Heliumster* *Elemente direkt vergleichbar sind.*

Spektral-typ	09 V	B0 V		B2, 5V	B1 Ib	B3 Ia	A0 V
Stern	10 Lac	τ Scorpii		γ Peg	ζ Persei	55 Cygni	α Ly
Lit.	[6]	[7]	[8, 9]	[10]	[11]	[12]	[13]
Te [°K]	37 500	32 800	35 000	24 000	27 000	?	9500
log g	4,45	4,45	4,30	4,0	3,6	2,90	4,5
H	12,00	12,00	12,00	12,00	12,00	12,00	12,00
He	11,23	11,23	11,04	11,17	11,31	11,18	11,4
C	8,37	8,37	7,7	8,58	8,26	8,41	
N	8,37	8,57	8,26	8,01	8,31	8,63	8,8
O	8,77	9,12	8,63	8,63	9,03	8,98	9,3
Ne	8,72	8,72	8,86	8,73	8,61		
Na							7,3
Mg	8,22	7,73	8,3	7,95	7,77		7,7
Al	7,07	6,58	6,4	5,76	6,78		5,7
Si	7,75	7,95	7,63	7,03	7,97	7,46	8,2
S				7,80	7,48		
Ca							6,3
Sc							3,4
Ti							4,8
V							4,0
Cr							5,6
Mn							5,3
Fe							6,5
Co							
Ni							7,0
Sr							2,8
Ba							

Die Logarithmen der Atomzahlen N wurden auf log N für Wasserstoff = 12
HD 160 641 wurde log N außerdem so reduziert, daß die Werte für schwere

A2 Ia	G2 V		F6 IV—V	reduz.	(G)Halo-Subdwarf	reduz.	(O)He-Stern
α Cyg	Sonne		γ Serpentis		HD 140 283		HD 160 641
[14]	[15]	[16]	[17]		[18]		[19]
9170	5780		6350		5940		$\overline{T} = 31\,500$
1,13	4,44		4,0		4,6		
12,00	12,00	12,00	12,00	12,24	12,00	14,32	fehlt
11,40							11,61
8,03		8,72	8,43	8,67			8,65
9,48		7,98					8,76
9,44		8,96	9,07	9,31			8,90
							9,40
	6,12	6,30	6,06	6,30	3,50	5,82	
7,74	7,27	7,40	7,50	7,74	4,96	7,28	7,60
6,62	6,12	6,20	6,14	6,38	3,48	5,80	
7,77		7,50	7,36	7,60	5,18	7,50	7,60
		7,30	7,17	7,41			
6,73	6,16	6,15	5,90	6,14	3,88	6,20	
3,19		2,82	2,45	2,69	1,41	3,73	
5,35		4,68	4,28	4,52	2,51	4,83	
3,88		3,70	3,23	3,47			
5,77		5,36	4,92	5,16	2,98	5,30	
5,57		4,90	4,72	4,96	2,57	4,89	
7,78	6,47	6,57	6,17	6,41	4,34	6,66	
3,73		4,64	4,21	4,44	2,44	4,76	
4,82		5,91	6,41	6,65	4,23	6,55	
3,11		2,60	2,43	2,67	0,11	2,43	
		2,10	2,09	2,33			

Vergleichen wir die *Elementhäufigkeiten* in den bis jetzt betrachteten Sternen, die der Astronom als „normal" bezeichnet, so zeigen sich keine Unterschiede, welche die Fehlergrenzen überschreiten. Und diese Häufigkeitsverteilung stimmt wiederum — soweit man es prüfen kann — mit der des interstellaren Gases und der galaktischen Nebel (z. B. Orionnebel) überein. Die in Tabelle 1 angeführten Sterne gehören teils zur Population I der Spiralarme (10 Lac bis 55 Cyg und α Cyg), teils zur galaktischen Scheibenpopulation (α Lyr, Sonne). Die Analysen bestätigen also die Vorstellung, daß sich diese Sterne aus dem interstellaren Gas gebildet haben und daß sich dessen Zusammensetzung seit der Bildung der galaktischen Scheibe nicht wesentlich geändert hat.

Das wird anders, wenn wir uns in den Bereich der *Schnellläufer* und der *Subdwarfs* (Unterzwerge) begeben, also der alten Population-II-Sterne. In dem (F6 IV—V)-Stern γ Serpentis, der relativ zu unserer galaktischen Umgebung eine Raumgeschwindigkeit von 80 km/sec hat — es ist also ein „gemäßigter" Schnelläufer — zeigt eine genaue Analyse gerade an der Grenze der Meßgenauigkeit, daß alle schweren Elemente, bezogen auf log N für Wasserstoff $= 12$, im Verhältnis zu den zuerst untersuchten Sternen um $\log N = 0,24$ (d. h. um einen Faktor 1,7) seltener sind. Bei dem wesentlich schnelleren Subdwarf HD 140 283 (Größe und Temperatur entsprechen etwa der Sonne; die für „normale" Sterne geschaffene Morgan-Keenan-Klassifikation verliert hier ihren Sinn) sind alle erkennbaren schweren Elemente: C, Na, Mg, Al, Si, Ca, Sc, Ti, Cr, Mn, Fe, Co, Ni, Sr gegenüber der Sonne um den Faktor 200 reduziert; Unterschiede zwischen verschiedenen Elementen sind, innerhalb der Fehlergrenzen, nicht erkennbar. Neuerdings haben Wallerstein, Greenstein, Parker und Helfer einige rote Riesensterne (HD 122 563, 165 195 und 221 170) mit wahrscheinlich noch geringeren Häufigkeiten der schweren Elemente relativ zum Wasserstoff gefunden und auch individuelle Unterschiede in der Häufigkeit verschiedener Elemente behauptet.

Dies sind nun also Sterne, die ganz am Anfang der Entwicklung unseres galaktischen Systems entstanden sind. Die Hauptsequenzsterne γ Ser und HD 140 283 haben erst einen kleinen Teil des Wasserstoffs in ihrem Innern verbrannt, während die zuletzt genannten roten Riesensterne schon ein Stück im *Hertzsprung-Russell-Diagramm* weitergewandert sind. Die Analyse des Subdwarfs HD 140 283 muß man wohl so interpretieren, daß sich die relative Häufigkeit der schweren Elemente in der interstellaren Materie im Lauf der Entwicklung unseres galaktischen Systems erstaunlich wenig geändert hat. Die Bildung der schweren Elemente muß also zu allen Zeiten in fast denselben Verhältnissen vor sich gegangen sein. Das ist keineswegs selbstverständlich, da verschiedene Gruppen von Elementen durch jeweils andere Kernprozesse erzeugt werden.

Ganz andere höchst interessante Probleme bieten die *Heliumsterne*. Man kennt nur wenige Exemplare, die — nach den hohen Radialgeschwindigkeiten zu schließen — zur Population II gehören. Die heißen Sterne zeigen nur ganz schwache oder keine Wasserstofflinien, dagegen ein sehr starkes und vollständiges Heliumspektrum. Die Linien der schweren Elemente sind etwa normal. Die quantitative Analyse des Sterns HD 160 641 weist auf eine Temperatur von 30 000 °K. Die Häufigkeitsverteilung der Elemente (Tabelle 1) kann man so deuten, daß im normalen Elementgemisch (z. B. der Sonne) aller Wasserstoff in Helium verwandelt wurde. In der Atmosphäre des ähnlichen, kürzlich von Klemola untersuchten Sternes BD + 10° 2179 ist die Häufigkeit des Wasserstoffs relativ zu den schweren Elementen im Vergleich zu normalen Sternen um einen Faktor von etwa 1000 reduziert. Auch hier sind die relativen Häufigkeiten der schweren Elemente ziemlich normal (Sauerstoff ist möglicherweise zu selten). Wahrscheinlich gehört auch der in vieler Hinsicht sehr merkwürdige kühle und veränderliche Stern R Coronae Borealis in diese Gruppe.

Die *Entstehung* der Heliumsterne haben wir uns wohl so vorzustellen, daß ein alter Stern mit ausgebranntem Heliumkern sein Inneres nach außen kehrte; die dynamischen Ursachen dieser nomalen Entwicklung sind uns noch verborgen.

Das Endstadium der Sternentwicklung, die *Weißen Zwerge*, ist neuerdings von *Greenstein* und quantitativ von *Weidemann* untersucht worden. Den Schlüssel zum Verständnis ihrer merkwürdigen Spektren bilden die enorme Schwerebeschleunigung von $g \approx 10^8$ cm·sec^{-2} (man versuche sich vorzustellen, die Beine hätten plötzlich ein Gewicht von 10 000 Tonnen zu tragen!) und die große Häufigkeit des Heliums. Ein Teil der Sterne zeigt fast nur Heliumlinien. Daß eine andere Gruppe fast nur die sehr verbreiterten Linien des Wasserstoffs zeigt, dafür genügt nach *Weidemann* eine äußerst geringe Wasserstoffhäufigkeit in der Atmosphäre; das Innere muß praktisch wasserstofffrei sein, sonst würde der Stern durch Kernfusion alsbald explodieren.

Wir haben Sterngruppen besprochen, deren „normale" oder „anomale" Zusammensetzung wir mit ihrem Entwicklungsstatus in Verbindung bringen konnten. Daneben gibt es Sterne, in deren Spektrum dieses oder jenes Element ungewöhnlich stark oder schwach vertreten ist. Im Bereich der A-Sterne gibt es die Nebensequenz der *„peculiar A stars"* (Ap), an welche sich anscheinend die „Metall-Linien-Sterne" anschließen. Babcock hat gefunden, daß die Ap-Sterne an ihrer Oberfläche ungleichförmig verteilte Magnetfelder von mehreren tausend Gauß haben. Die Frage ist nun: Können wir die Anomalien der Spektren auf einen anomalen Aufbau der Atmosphäre mit normalen Elementhäufigkeiten zurückführen oder müssen wir annehmen, daß große Mengen sehr energiereicher Teilchen, die durch die Magnetfelder beschleunigt wurden, die Häufigkeit einiger Elemente durch Kernprozesse erheblich geändert haben? Aus Untersuchungen, u. a. am Heidelberger Max-Planck-Institut für Physik, weiß man, daß auf der Sonne bei größeren Eruptionen u. a. ^{3}He-Teilchen großer Energie gebildet werden.

Wir sollten sodann noch die wohl mit dem Häufigkeitsverhältnis O:C:Metalle zusammenhängende Aufspaltung der

Spektralsequenz bei den kühlen Sternen erwähnen. Die C_2-Banden endlich zeigen, daß — jedenfalls in den kühlen Sternen — erhebliche Unterschiede im *Isotopenverhältnis* $^{12}C : {}^{13}C$ vorkommen. Das ist der einzige Fall, in dem wir zuverlässig etwas über die kosmische Häufigkeit von Isotopen aussagen können.

IV. Terminologie

Farbindex B—V

Differenz der scheinbaren Helligkeiten eines Sternes, gemessen mit einer im blauen (B) und einer im visuellen Spektralgebiet (V) empfindlichen Platte oder Photozelle. Entlang der Sequenz der Spektraltypen nimmt B—V mit abnehmender Sterntemperatur von negativen nach positiven Werten zu.

Fraunhoferlinien

Absorptionslinien in den Spektren der Sonne und der Sterne.

Helligkeit der Sterne

Die scheinbare Helligkeit wird angegeben in Größenklassen oder Magnitudines m. Einer Differenz von einer Größenklasse $m_1 - m_2 = 1,0$ entspricht ein Helligkeitsverhältnis $I_2/I_1 = 2,51$ oder $\log I_2 - \log I_1 = 0,400$ (Pogson). Negative Magnitudines entsprechen großen, positive kleinen Helligkeiten. — Die absolute Helligkeit wird bezogen auf eine Standardentfernung von 10 parsec $= 32,6$ Lichtjahren.

Kingscher Ofen

erzeugt durch Widerstandsheizung in einem Kohlerohr Temperaturen bis etwa 3000 °K.

Leuchtkraft

Gesamtstrahlungsemission des Sternes, meist bezogen auf die der Sonne als Einheit.

Magnetohydrodynamik

Bei Strömungen elektrisch gut leitender Materie in Magnetfeldern spielen Induktionsströme und die darauf wirkenden Kräfte eine wichtige Rolle neben den hydrodynamischen Kräften.

Milchstraße

Unsere Milchstraße gleicht dem bekannten Spiralnebel im Sternbild Andromeda. Sie besteht aus einer flachen Scheibe, welche einen zentralen Kern und die Spiralarme enthält. Unsere Sonne umläuft den Kern auf einer Kreisbahn von rund 30 000 Lichtjahren Radius in 200 Millionen Jahren. Kern und Scheibe sind umgeben von dem fast kugelförmigen Halo, welcher die Kugelsternhaufen sowie die Schnellläufer und Subdwarfs enthält.

Spektralklassifikation

Die Spektren der Sterne werden nach zwei Parametern geordnet:

a) Die Spektraltypen (S) O B A F G K M bilden im wesentlichen eine Folge von links nach rechts abnehmender effektiver Temperatur.

b) Die Leuchtkraftklassen (LC) I bis V entsprechen in der Hauptsache abnehmender absoluter Helligkeit; I = Übergiganten; V = Hauptsequenzsterne. — Die ältere Harvard-Klassifikation wurde von Morgan und Keenan weitergebildet zu der heute meist gebrauchten MK-Klassifikation.

Die relativ wenigen Sterne, die nicht in das zweiparametrige Schema passen, bezeichnet man als „peculiar", z. B. die Ap-Sterne mit starken Magnetfeldern.

Anmerkungen

[1] Zur weiteren Einführung in das behandelte Gebiet können folgende Veröffentlichungen dienen:

O. Struve, B. Lynds u. H. Pillans: Astronomie. W. de Gruyter, Berlin 1962.

S. v. Hoerner u. K. Schaifers: Meyers Handbuch über das Weltall. Bibliographisches Institut, Mannheim 1961.

Zusammenfassende Darstellungen mit ausführlichen Literaturangaben:

L. H. Aller: The Abundance of the Elements. Interscience, New York 1961.

E. M. Burbidge, G. R. Burbidge, W. A. Fowler u. F. Hoyle: Synthesis of the Elements in Stars. Rev. mod. Physics **29**, 547 (1957).

B. M. Glennon u. W. L. Wiese: Bibliography on Atomic Transition Probabilities. National Bureau of Standards, Washington 1962.

Handbuch der Physik. Springer, Berlin, Göttingen, Heidelberg 1958, Bd. 51, u. a.: E. M. Burbidge u. G. R. Burbidge, Stellar Evolution; H. E. Suess u. H. C. Urey: Die Häufigkeit der Elemente in Planeten und Meteoriten; L. H. Aller, The Abundances of the Elements in the Sun and Stars.

P. W. Merrill: Lines of the Chemical Elements in Astronomical Spectra. Carnegie Institution of Washington, 1956.

J. L. Greenstein: Stellar Atmospheres (Stars and Stellar Systems, Vol. VI). University of Chicago Press, 1960.

G. Traving: Über die Theorie der Druckverbreiterung von Spektrallinien. G. Braun, Karlsruhe 1960.

A. Unsöld: Physik der Sternatmosphären. 2. Aufl., Springer, Berlin, Göttingen, Heidelberg 1955.

V. Weidemann: The Atmosphere of the White Dwarf van Maanen 2., Astrophys. J. **131**, 638 (1960).

V. Weidemann: Effektive Temperatur und Schwerebeschleunigung der Weißen Zwerge. Z. Astrophysik **57**, 87 (1963).

[2] H. L. Johnson u. A. R. Sandage, Astrophys. J. **121**, 616 (1955).

[3] A. Unsöld, Naturwissenschaften **47**, 76 (1960).

[4] Für die Sonne kann man die effektive Temperatur T_e aus der Solarkonstante und die Schwerbeschleunigung aus Masse und Radius direkt berechnen und erhält $T_e = 5780\ °C$ und $g = 2{,}74 \cdot 10^4\ cm \cdot sec^{-2}$, d. h. das 28fache der Schwerbeschleunigung an der Erdoberfläche.

[5] G. Bode, Dissertation, Universität Kiel 1964.

[6] G. Traving, Z. Astrophys. **41**, 215 (1957).

[7] G. Traving, Z. Astrophys. **36**, 1 (1955); **44**, 142 (1958).

[8] L. H. Aller, G. Elste u. J. Jugaku, Astrophys. J. Suppl. **3**, 1 (1957).

[9] J. Jugaku, Publ. Astron. Soc. Japan **11**, 161 (1959).

[10] L. H. Aller u. J. Jugaku, Astrophys. J. Suppl. **4**, 109 (1959).

[11] R. Cayrel, Suppl. Ann. Astrophys. Nr. 6 (1958).

[12] L. H. Aller, Astrophys. J. **123**, 133 (1955).

[13] K. Hunger, Z. Astrophys. **49**, 129 (1960) und frühere Arbeiten. Im Modell für 9500 °K ist T_0 etwas herabgesetzt worden.

[14] H. G. Groth, Z. Astrophys. **51**, 206 (1961). Modell 3 a: für die erste Ionisationsstufe von Mg und Cr; Modell 3 b: Tabellenwerte kursiv.

[15] V. Weidemann, Z. Astrophys. **36**, 101 (1955). $T_0 = 3400$ °K, hauptsächlich Methodik.

[16] L. Goldberg, E. A. Müller u. L. H. Aller, Astrophys. J. Suppl. **5**, 1 (1960). $T_0 = 4500$ °K.

[17] W. H. Kegel, Z. Astrophys. **55**, 221 (1962).

[18] B. Baschek, Z. Astrophys. **48**, 95 (1959). Siehe auch L. H. Aller u. J. L. Greenstein, Astrophys. J. Suppl. **5**, 139 (1960), Tabelle auf S. 170.

[19] L. H. Aller in: Colloque International d'Astrophysique, Liège 1953, S. 354. Radialgeschwindigkeit: $+100$ km/sec; $M_v = -3$. Reduziert auf log $N_{He\ aus\ H} = 12{,}00 - 0{,}60$ plus log $N_{He\ (urspr.)} = 11{,}20$; zusammen: 11,61. Über Heliumsterne vgl. A. R. Klemola, Astrophys. J. **134**, 130 (1961).

Evolution kosmischer Materie

Die kosmische Materie ist zum größten Teil in Sternen zusammengeballt, deren Massen etwa zwischen 50 und 0,1 Sonnenmassen liegen. Nur ein kleiner Bruchteil erfüllt als *interstellare Materie* den Raum zwischen den Sternen.

1. Energieerzeugung der Sterne

Die Sonne und die Sterne leuchten, weil in ihrem Inneren bei enormen Temperaturen und Drucken Energie durch *Kernprozesse* erzeugt wird.

Die Energieerzeugung beginnt bei etwa $10^7\,°K$ mit der „Verbrennung" — wie man sagt — von Wasserstoff in Helium, zuerst durch den Fusionsprozeß und bei etwas höheren Temperaturen vorwiegend durch den CNO-Zyklus. Die Atomkerne von Kohlenstoff, Stickstoff und Sauerstoff dienen bei diesem Prozeß sozusagen nur als Katalysatoren. Ihr Mengen*verhältnis* allerdings stellt sich wie in einem radioaktiven Gleichgewicht ein, und zwar so, daß bei allen in Frage kommenden Temperaturen ($\sim 10^7$ bis $10^8\,°K$) der Stickstoff ^{14}N bei weitem überwiegt und das Häufigkeitsverhältnis der Kohlenstoffisotope $^{12}C : ^{13}C \approx 4$ wird, während es auf der Erde, in Meteoriten und (wie wir seit neuestem wissen) auf der Sonne ~ 100 beträgt.

Oberhalb $\sim 10^8$ °K wird dann nach dem Schema 3 ^{4}He $\rightarrow$ ^{12}C das Helium zu Kohlenstoff verbrannt. Bei höheren Temperaturen können noch etwas schwerere Kerne gebildet werden. Die Entstehung der bei uns besonders häufigen Eisengruppe beschreibt man besser nicht durch Angabe der einzelnen Kernreaktionen, sondern als eingefrorenes thermodynamisches Gleichgewicht. Um die terrestrische Häufigkeitsverteilung der Gruppe V, Cr, Mn, Fe, Co, Ni nach diesem „e(quilibrium)-Prozeß" zu erklären, muß man eine Temperatur von $\sim 4\cdot 10^9$ °K und ein Protonen : Neutronen-Verhältnis von ~ 300 annehmen.

Die noch schwereren Atomkerne sind nur für Neutronen angreifbar. Dabei muß man noch unterscheiden, ob die Neutronenanlagerung (an leichte oder Fe-Elemente) langsam oder rasch verläuft im Verhältnis zu den konkurrierenden β-Zerfällen; so spricht man von dem s(low)- bzw. r(apid)-Prozeß.

2. Entwicklung und Alter der Sterne

Die mit der geschilderten Folge von Kernprozessen verknüpfte *Entwicklung der Sterne* veranschaulichen wir am besten in dem bekannten *Hertzsprung-Russell-(H. R.-)Diagramm* oder dem äquivalenten *Farbenhelligkeitsdiagramm*. Als Ordinaten sind aufgetragen die absoluten Helligkeiten M oder die Leuchtkräfte L der Sterne. (Die absolute Helligkeit der Sonne ist z. B. [visuell] $M_v = +4{,}79$; ihre Leuchtkraft L — entsprechend der Ausstrahlung von $3{,}90\cdot 10^{33}$ erg/sec — benutzt man gewöhnlich als Einheit.) Als Abszisse nimmt man den Spektraltyp Sp oder den Farbindex B-V, d. h. die Differenz der Magnitudines im *B*lauen und *V*isuellen Spektralbereich.

Nachdem ein Protostern sich aus interstellarer Materie durch Kontraktion verhältnismäßig rasch gebildet hat, steigt seine Zentraltemperatur, bis das *Wasserstoffbrennen* zündet. In diesem Zustand bleibt der Stern auf der *Hauptsequenz* des H.R.-Diagramms, und zwar so lange, bis er einen merklichen Bruch-

110

teil seines Wasserstoffs im Innern zu Helium verbrannt hat. Dann wandert die Brennzone nach außen, darunter beginnt das Heliumbrennen. Der Stern bläht sich auf und wandert als *roter Riesenstern* im H.R.-Diagramm nach rechts oben. Von hier begibt er sich — dies sei ohne Details kurz festgehalten — auf dem Horizontalast nach links (z. T. mit komplizierten Um- bzw. Hin- und Herwegen). Manche Sterne stoßen dann eine Hülle ab und bilden einen *planetarischen Nebel.* Am Ende des Entwicklungsprozesses steht das Stadium eines *weißen Zwergsternes,* dessen Inneres aus elektronenentarteter Materie von enormer Dichte besteht.

Die Dauer des Hauptsequenzstadiums in der Entwicklung eines Sternes können wir nun leicht folgendermaßen abschätzen:

Die Leuchtkraft L gibt uns direkt seinen Energieverbrauch pro Zeiteinheit an. Auf der anderen Seite wissen wir nach Einsteins bekannter Relation zwischen Masse und Energie, daß die Vereinigung von je 4 Wasserstoffatomen zu einem Heliumatom einen Energiebetrag von $4,29 \cdot 10^{-5}$ erg liefert. So berechnet man leicht, daß z. B. die Sonne $10^0/_0$ ihres Wasserstoffs innerhalb einer Zeit von 6 Milliarden Jahren verbrennt. Für einen Stern der Masse $\mathfrak{M}$ und der Leuchtkraft L (in Einheiten der Sonnenmasse bzw. -leuchtkraft) wird die entsprechende *Entwicklungszeit*

$$t_E = 6 \cdot 10^9 \frac{\mathfrak{M}}{L} \, \text{Jahre} . \tag{1}$$

Die Hauptsequenzsterne etwa unterhalb der Sonne können sich also seit ihrer Entstehung (dieser Zeitraum muß ja kürzer sein als das Weltalter) noch nicht merklich verändert haben. Die helleren, insbesondere die sehr hellen blauen O- und B-Sterne dagegen müssen ganz jung sein.

Betrachten wir nun die Farbenhelligkeitsdiagramme einiger Sternhaufen, so werden die unteren Teile der Hauptsequenzen übereinstimmen. Das Abbiegen des oberen Teiles der Hauptsequenz nach rechts („Knie“) gestattet es andererseits ohne weiteres, nach Gleichung (1) oder in Abbildung 1 an der rechten Skala das Alter des Sternhaufens abzuschätzen. Um genauere Zahlenwerte zu erhalten, muß man *Sternmodelle* durchrechnen und dabei u. a. die Verteilung der Energiequellen im Sterninneren, die ursprüngliche Zusammensetzung der Sterne, den Energieverlust durch Neutrinos usw. berücksichtigen. Solche Rechnungen, die recht diffizil werden, wenn man das Alter nicht nur bis auf einen Faktor 2—3, sondern auf 10—15⁰/₀ genau erhalten will, sind in neuerer Zeit von I. Iben, J. Faulkner, R. Kippenhahn u. a. durchgeführt worden. Während die jüngsten galaktischen (offenen) Sternhaufen, wie $h + \chi$ Persei, kaum eine

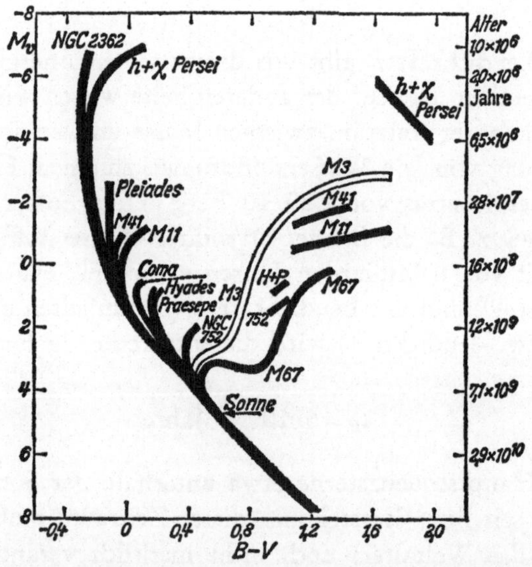

Abb. 1. Farbenhelligkeitsdiagramme galaktischer Sternhaufen (nach A. R. Sandage). Aufgetragen sind die absoluten Helligkeiten M_v über den Farbenindizes $B\text{-}V$. Das Abbiegen der Hauptsequenz nach rechts („Knie") gestattet es, an der Skala rechts das Alter des Sternhaufens abzulesen. — Zum Vergleich ist der Kugelsternhaufen M 3□ mit eingezeichnet. Er ist ungefähr ebensoalt wie die ältesten galaktischen Haufen, z. B. M 67

112

Million Jahre alt sind, findet man — dies ist höchst bemerkenswert — für die ältesten galaktischen Haufen, wie M67 und NGC188, *und* für die Kugelsternhaufen, wie M92, M15, M3, fast dasselbe maximale Alter, dessen Zahlenwert sich (je nach den zugrundegelegten Annahmen) zu $t_M = 7$ bis $15 \cdot 10^9$ Jahre ergibt. Dies ist offenbar zugleich das *Alter der Milchstraße.*

3. Struktur und Sternpopulationen der Milchstraße

Betrachten wir zwischendurch an Hand unserer etwas schematischen Abbildung 2 den *Aufbau der Milchstraße.* Der Kürze wegen müssen wir uns dabei auf eine Beschreibung ohne detaillierte Begründung beschränken.

Der Hauptteil der Sterne befindet sich in der stark abgeplatteten Scheibe. Deren Kern ist optisch durch Dunkelwolken verdeckt, das Radioteleskop durchdringt diese und enthüllt dort die Radioquelle Sagittarius A. Die Sterne der Scheibe bilden die sogenannte *Scheibenpopulation.* Hierzu gehört auch unsere

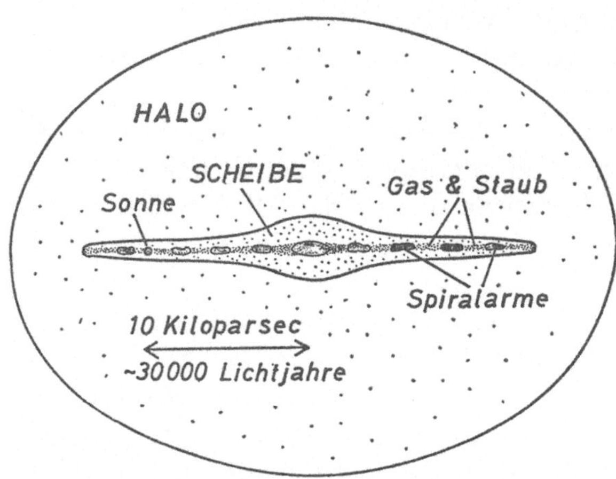

Abb. 2. Die Milchstraße (schematischer Axialschnitt) mit den wichtigsten Sternpopulationen

Sonne, deren Abstand vom galaktischen Zentrum 10 000 parsec oder 32 000 Lichtjahre beträgt. Alle diese Sterne umlaufen das Zentrum in Kreisbahnen, die Sonne z. B. mit einer Geschwindigkeit von 250 km/sec in einer Zeit von 250 Millionen Jahren.

In die Scheibe eingebettet sind die *Spiralarme*. Hier bilden sich bis in unsere Tage durch Zusammenballung von interstellarem Gas die jungen galaktischen Sternhaufen der sogenannten *Spiralarmpopulation I*. Dazu gehören z. B. der Doppel-Sternhaufen $h + \chi$ Persei und der bekannte Gasnebel im Orion mit dem darinliegenden Sternhaufen (u. a. den Trapezsternen).

Die ganze Scheibe endlich ist eingehüllt von dem viel weniger abgeplatteten Halo. Dessen verhältnismäßig dünn verteilte Bewohner, die Kugelsternhaufen und die sog. Subdwarfs oder Unterzwerge (so genannt, weil man sie ursprünglich im H.R.-Diagramm „unterhalb" der Hauptsequenz mit ihren gewöhnlichen Zwergsternen fand), bilden die sogenannte *Halopopulation II*. Sie umlaufen das galaktische Zentrum in langgestreckten ellipsenartigen Bahnen. Deshalb kann man sie auch als sogenannte *Schnelläufer* finden. Die Sterne der Scheibenpopulation nämlich „schwimmen" in unserer Umgebung neben der Sonne her; ihre Geschwindigkeit relativ zur Sonne ist daher klein, etwa 5—50 km/sec. Die Sterne der Halopopulation II dagegen bewegen sich schief zur Bewegungsrichtung der Sonne; deshalb beobachten wir Relativgeschwindigkeiten von der Größenordnung der galaktischen Rotation, d. h. etwa 70—400 km/sec.

Die Sternpopulationen des Milchstraßensystems, die wir bisher nur räumlich und dynamisch beschrieben haben, unterscheiden sich nun auch durch ihr *Alter*, das wir aus den Farbenhelligkeitsdiagrammen der darin enthaltenen Sterngruppen bestimmen können. Danach ist der *Halo* mit seinen Kugelsternhaufen usw. ganz im Anfang der galaktischen Entwicklung, also vor etwa $7\text{—}15 \cdot 10^9$ Jahren (wegen eines genaueren Zahlenwertes s. u.), entstanden. In der *Scheibe* sind die ältesten offenen Sternhaufen (z. B. NGC188) altersmäßig davon zur Zeit nicht zu trennen. Unsere Erde und, wie wir weiter schließen müssen, die Sonne und das Planetensystem entstanden — nach den neuesten radioaktiven Altersbestimmungen — vor $4{,}7 \cdot 10^9$ Jahren. Daneben gibt es jüngere und, besonders in den Spiralarmen, ganz junge Sterne. Die Entstehung der hellsten Orionsterne müssen unsere — leider astronomisch noch wenig interessierten — Urvorfahren wohl noch miterlebt haben.

4. Weitere Altersangaben: Expansion des Weltalls; radioaktive Elemente

Neben den angeschriebenen galaktischen Zeiträumen merken wir zum Vergleich noch zwei wichtige Daten vor:

— Die Fluchtbewegung (Rotverschiebung) ferner Galaxien führt — zur Zeit leider noch mit großer Unsicherheit — auf das Weltalter. Aus der neuesten Diskussion von A. Sandage ergibt sich $19{,}5 \cdot 10^9 > t_0 > 3{,}4 \cdot 10^9$ Jahre.

— Aus den Zerfallskonstanten und dem heutigen terrestrischen Häufigkeitsverhältnis der Uranisotope 235 und 238 kann man auf deren Entstehungszeit zurückschließen. Geht man aus von einem (kernphysikalisch begründeten) anfänglichen Verhältnis $^{235}\mathrm{U} : {}^{238}\mathrm{U} = 1{,}65$ und rechnet mit plötzlicher Entstehung, so berechnet man leicht das „Alter des Urans" zu $6{,}6 \cdot 10^9$ Jahren.

Die Zerfallsprozesse von anderen „elternlosen" radioaktiven Elementen führen auf ähnliche Zahlen. Mit der Hypothese einer zeitweiligen Nachlieferung erhält man selbstverständlich etwas längere Zeiträume. Nach Abschätzung aller Unsicherheiten kann man für das *Alter der radioaktiven Elemente* t_R wohl $6 \cdot 10^9 < t_R < 7 \cdot 10^9$ Jahre angeben.

5. Quantitative Analyse der Sternspektren

Einen neuen und sehr wirksamen Zugang zu den Problemen der Sternentwicklung und der Evolution der kosmischen Materie erschließt uns die spektroskopische Bestimmung der *chemischen Zusammensetzung der Sterne.* Genauer gesagt, können wir selbstverständlich nur die Zusammensetzung ihrer äußersten Schichten, der Sternatmosphären, ermitteln. Das Sterninnere ist der direkten Beobachtung unzugänglich; hier führt weiter nur die Theorie des inneren Aufbaus der Sterne, Eddingtons berühmte „analytical boring machine".

Zunächst einige Bemerkungen zur Methodik: Den Ausgangspunkt bilden *Spektren* großer Dispersion, wie man sie z. B. mit dem ortsfesten Coudé-Spektrographen am 100"-Hooker-Spiegelteleskop des Mt. Wilson Observatory aufnehmen kann. Mit dem Mikrophotometer mißt man sodann die Intensitätsverteilung in den Linien, die sog. *Linienprofile* und deren Flächen, die *Äquivalentbreiten der Linien* als Maß der absorbierten Energie.

Ist diese ziemlich langwierige Meßarbeit beendet, so tritt der Theoretiker in Tätigkeit und konstruiert *Modelle von Sternatmosphären.* Man geht dabei aus von den quantenmechanisch berechneten Eigenschaften der Materie bei kosmischen Temperaturen und Drucken. Die Temperaturverteilung in der Atmosphäre hängt zusammen mit der Art des Energietransportes. Dieser erfolgt im allgemeinen durch Strahlung; wir sprechen dann von *Strahlungsgleichgewicht.* Die Druckverteilung erhält man unter Zuhilfenahme der *hydrostatischen Gleichung.* Die tatsächliche Durchführung dieser komplizierten Rechnungen wird heute sehr erleichtert durch die großen elektronischen Rechenautomaten. Bei der Ermittlung atomarer Größen, wie Übergangswahrscheinlichkeiten, Druckverbreiterungskonstanten usw., gibt uns die experimentelle Plasmaphysik vielfach wirksame Unterstützung.

Für solche theoretischen Modelle berechnet man nun die Äquivalentbreiten der Spektrallinien, die Energieverteilung im kontinuierlichen Spektrum usw. und paßt das Modell dann schrittweise immer besser an die Beobachtungen an. Dabei erhält man zunächst die zwei Parameter, welche den Aufbau der Sternatmosphäre beschreiben, nämlich die *effektive Temperatur* T_e und die *Schwerebeschleunigung* g an der Sternoberfläche. Die effektive Temperatur ist dabei so definiert, daß sie in Verbindung mit dem *Stefan-Boltzmannschen Strahlungsgesetz* die Gesamtausstrahlung an der Sternoberfläche je cm² und sec darstellt. Für die Sonne ist z. B. $T_e = 5780\,°K$ und $g = 2{,}74 \cdot 10^4\ \text{cm sec}^{-2}$. Sodann erhält man aus den Fraunhofer-Linien der im Spektrum vertretenen Elemente deren *Häufigkeit*. Wir geben sie gewöhnlich an als Logarithmen der Atomzahlen, bezogen auf $\log \varepsilon = 12$ für Wasserstoff, der fast überall das häufigste Element ist. Für die Genauigkeit einer Sternanalyse ist es sehr wesentlich, daß man dabei die allgemeinen Parameter, insbesondere die effektive Temperatur T_e — welche die Ionisation bestimmt —, sehr genau ermittelt. Die Fehlergrenzen einer sorgfältig ausgeführten Analyse dürften zur Zeit etwa $\Delta \log \varepsilon = \pm 0{,}3$ entsprechen. Nach diesen Vorbemerkungen wenden wir uns den Häufigkeitsverteilungen der Elemente in verschiedenartigen Sternen zu.

6. Häufigkeitsverteilung der Elemente in den Atmosphären normaler Sterne

Mehr als 90% der Sterne lassen sich bekanntlich in die Morgan-Keenan- oder kurz MK-Klassifikation mit den zwei Parametern Spektraltyp Sp und Leuchtkraftklasse LC einordnen. An Stelle von Sp und LC kann man ebensogut z. B. den Farbindex $B-V$ und die absolute Helligkeit M, d. h. Ort des Sterns im H.R.-Diagramm, verwenden. Im Sinne der Theorie heißt dies, daß das Spektrum eines „normalen" Sternes eindeutig durch seine *effektive Temperatur* T_e und *Schwerebeschleunigung* g bestimmt ist. Das heißt: Die *chemische Zusammensetzung der Atmosphären aller „normalen" Sterne ist gleich.* Die quantitative Analyse der Spektren bestätigt diesen Schluß auf das schönste. Sie liefert darüber hinaus die Zahlenwerte von T_e und g und die *Häufig-*

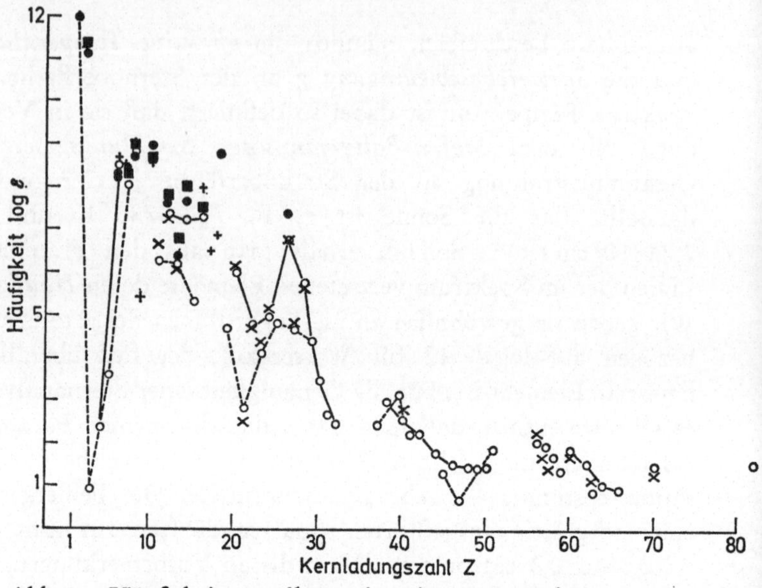

Abb. 3. Häufigkeitsverteilung in den Atmosphären „normaler" Sterne (bezogen auf log $\varepsilon = 12$ für Wasserstoff)

Stern	MK-Typ	Entwicklungs stadium, Alter	Literatur
τ Scorpii	Bo V	Hauptsequenz, jung	M. Scholz: Z. Astroph 65, 1; 1967. M. Scholz al.: ebd. 66, 246; 1967
ζ Persei	B1 Ib	Übergigant, jung	R. Cayrel: Ann. Astrophys., Suppl., Nr. 6; 19
Planetarische Nebel	—	Spätes Entwick-lungsstadium	L. H. Aller: Publ. Astr. Soc. Pac. 76, 279; 1964
Sonne	G2 V	Hauptsequenz, alt, kaum ent-wickelt	L. Goldberg, E. A. M ler, L. H. Aller: Astro-phys. J., Suppl. 5, Nr. 1960; revidiert von E. Müller, Symp. Paris 19
δ Eridani	Ko IV	Unterriese (Subgigant), sehr alt	J. Hazlehurst: Observa tory 83, 128; 1963, und B. E. J. Pagel: Observa-tory 83, 133; 1963

118

keiten log ε der in den Spektren vertretenen Elemente. In Abbildung 3 haben wir die zur Zeit wohl genauesten Analysen einiger Sterne aufgetragen, deren sonstige Daten in der Unterschrift der Abbildung zusammengestellt sind. Die Streuung der Punkte dürfte nirgends die zu erwartenden Fehlergrenzen überschreiten. Hieraus schließen wir zunächst, daß die *chemische Zusammensetzung* der Atmosphären der meisten Sterne *unabhängig ist von ihrem Entwicklungszustand:* τ Scorpii ist ein ganz junger Hauptsequenzstern, ζ Persei hat schon das Übergigantenstadium erreicht, die planetarischen Nebel[1] stellen ein noch späteres Entwicklungsstadium dar. Die Sonne ist ein alter Hauptsequenzstern. δ Eridani endlich fällt im Farbenhelligkeitsdiagramm auf den Riesenast von NGC188 und ist daher einer der ältesten Bewohner der galaktischen Scheibe. Während der so erfaßten Spanne der Sternentwicklung muß die Zusammensetzung des Stern*inneren* durch Kernprozesse erheblich verändert werden. Es findet also *keine Vermischung der Atmosphärenmaterie mit dem Sterninneren* statt. Da die Entstehung der betrachteten Sterne aus interstellarer Materie über den ganzen Zeitraum seit der Entstehung der galaktischen Scheibe bzw. der ältesten galaktischen Sternhaufen verteilt ist, so müssen wir schließen, daß über diesen ganzen Zeitraum hinweg *die chemische Zusammensetzung der interstellaren Materie* innerhalb der heutigen Meßgenauigkeit *gleichgeblieben* ist. Für die absolute Dauer dieses Zeitraumes liefern die schon erwähnten Rechnungen über die Sternentwicklung in Haufen Zahlenwerte von etwa 7—20 Milliarden Jahren. Eine genauere Festlegung soll im folgenden noch versucht werden.

7. Spektroskopische Anzeichen von Kernreaktionen in Sternen

Neben den besprochenen „normalen" Sternen gibt es die viel selteneren anormalen Sterne — „peculiar stars" —, welche in der chemischen Zusammensetzung ihrer Atmosphären deutliche

Spuren von Kernreaktionen erkennen lassen. Ihre quantitative Erforschung befindet sich noch in den Anfängen. Wir begnügen uns daher mit einer kurzen Besprechung der interessantesten Klassen.

7.1 Heliumsterne

In den Spektren dieser heißen Sterne sind die Wasserstofflinien ungewöhnlich schwach oder fehlen, dagegen sind die Heliumlinien sehr stark ausgeprägt. Die Ergebnisse der quantitativen Analysen lassen sich folgendermaßen zusammenfassen: In dem Stern HD 160 641 ist aller Wasserstoff in Helium verwandelt. Die schweren Elemente von C bis Si dagegen bilden — nach Masse — den normalen Anteil der Materie. Hier dürfte die jetzt in der Atmosphäre befindliche Materie daher nur durch den Fusionsprozeß beeinflußt sein. Wie alle Kernprozesse kann dieser selbstverständlich nur im Sterninneren stattgefunden haben.

In einem anderen Heliumstern, HD 30 353, ist fast aller Wasserstoff zu Helium verbrannt ($H : He = 10^{-4}$). Die schweren Elemente, hier erst ab Neon, dürften normal sein. Dagegen ist die CNO-Gruppe großenteils in Stickstoff übergeführt. Hier muß also auch (bei höheren Temperaturen) der CNO-Zyklus bei der Wasserstoffverbrennung in Gang gekommen sein. Die übrigen Heliumsterne lassen sich wohl zwischen die geschilderten Extremfälle einordnen.

7.2 Kohlenstoffsterne

Dies sind rote, d. h. kühle Riesensterne. Die Verstärkung der Bandenspektren von CH, C_2, CN und der Linien des Kohlenstoffatoms weist auf einen Überschuß an Kohlenstoff hin. Das genauere Studium der Spektren und ihre quantitative Analyse lassen mehrere Untergruppen erkennen, die man etwa so charakterisieren kann:

Die *CH-Sterne* sind metallarme Sterne der Halopopulation II. Gegenüber deren gewöhnlichen Mitgliedern (s. u.) sind der Kohlenstoff etwa 5mal und die ganz schweren Elemente von ^{56}Ba an etwa 15mal häufiger. Die große Häufigkeit des Kohlenstoffs deutet auf Heliumbrennen, die der schweren Elemente auf Neutronenprozesse hin.

Besonders interessant ist, daß man aus den Banden der kohlenstoffhaltigen Moleküle das Häufigkeitsverhältnis der Isotope ^{12}C : ^{13}C bestimmen kann. Auf der Erde und auf der Sonne (aus CH-Banden) ist es bekanntlich ~ 98. Unter den CH-Sternen zeigen manche Objekte ein Isotopenverhältnis von der Größenordnung dieses „normalen" Wertes. Manche CH-Sterne aber haben ein Verhältnis ^{12}C : ^{13}C ≈ 5, was auf eine Mitwirkung des CNO-Zyklus hindeutet.

Bei den *gewöhnlichen Kohlenstoffsternen* der jüngeren Sternpopulationen dagegen scheint das Verhältnis ^{12}C : ^{13}C immer bei 5 zu liegen.

In den *wasserstoffarmen Kohlenstoffsternen*, wie R-Coronae Borealis, ist zunächst einmal der größte Teil des Wasserstoffs zu Helium verbrannt; von diesem wiederum wurde ein Teil in Kohlenstoff ^{12}C umgewandelt.

Das Verhältnis ^{12}C : ^{13}C ist jedenfalls groß; es wäre natürlich wichtig, seinen Zahlenwert zu kennen. Die schweren Elemente von Stickstoff bis zum Barium scheinen ziemlich normal zu sein; Neutronen haben hier also offenbar keine wesentliche Rolle gespielt.

7.3 Bariumsterne

Dies ist anders in den Bariumsternen mit ihren starken Ba II-Linien und in den sich nach kühleren Temperaturen hin anschließenden S-Sternen mit ihren starken Linien und Banden der schweren Elemente wie Zr, La, Y, Sr, Ba und ZrO, LaO, YO...

Daß hier Neutronen am Werke sind, wird bestätigt durch Merrills Entdeckung der Linien des auf der Erde erst künstlich hergestellten Elementes Technetium. Dessen langlebigstes Isotop Tc_{43}^{99} hat nach Laboratoriumsmessungen eine Halbwertzeit von $2 \cdot 10^5$ Jahren. Sie paßt durchaus zu den Zeiträumen, welche die Theorie der Sternentwicklung für das Rote-Riesen-Stadium erlaubt.

An dieser Stelle erhebt sich nun die allgemeine Frage, warum nur einige wenige Sterne Zeichen nuklearer Prozesse aufweisen, die dann gleich sehr deutlich hervortreten, während die Atmosphären der überwiegenden Mehrheit der Sterne keinerlei Spuren von Kernumwandlungen erkennen lassen?

In der Tat fordert die Theorie der Entwicklung von *Einzelsternen*, daß im allgemeinen *keine* Durchmischung der inneren Brennzone mit der Atmosphäre stattfindet. Eine solche ist dagegen — unter geeigneten Voraussetzungen — möglich bei *engen Doppelsternen*. Auf dieser Basis hat neuerdings van den Heuvel in die sehr komplizierten Phänomene der „Peculiar A-stars" — der Ap-Sterne — und der „Metalliniensterne" Am Ordnung gebracht. Daneben muß man aber wohl auch an das *Flash-Phänomen* und vielleicht auch an die zur Zeit noch bestehenden Unsicherheiten in der *Theorie konvektiver Zonen* in den Sternen denken.

8. Metallarme Sterne des galaktischen Halos

Neben den mannigfaltigen Gruppen der Sterne mit ausgesprochenen „Entwicklungsstörungen" gibt es die viel zahlreicheren sog. *Metallarmen Sterne*. Die quantitative Analyse ihrer Spektren zeigt, daß relativ zum Wasserstoff alle schweren Elemente, von C bis Ba, im Vergleich zur Sonne oder anderen „normalen" Sternen um einen konstanten Faktor seltener sind. Dieses „Metall-/Wasserstoff-Verhältnis" M/H (für die Sonne per def.

gleich Eins gesetzt) kann alle Werte von $\sim^1/_{200}$ (bei dem extremen Subdwarf HD 140 283) bis etwas über 1 annehmen. Sehr bemerkenswert ist, wie gesagt, daß die relativen Häufigkeitsverhältnisse aller schweren Elemente von C bis Ba (auf das Helium werden wir noch besonders eingehen) in den metallarmen und in den normalen Sternen innerhalb der heutigen Meßgenauigkeit *dieselben* sind. Es sind zwar in der Literatur immer wieder individuelle Effekte einzelner Elemente behauptet worden, aber diese dürften auf Analysenfehlern beruhen. Sie sind stets von der Größenordnung der sonstigen Meßfehler, und sie zeigen keine Korrelation mit dem allgemeinen Metall-/H-Verhältnis. Die wichtigsten Fehlerursachen liegen in ungenauer Bestimmung der Sterntemperatur und der die Linienintensitäten auch beeinflussenden Strömungen in den Sternatmosphären, der sog. Turbulenz. Solche metallarmen Sterne kommen nur im Halo — man kann noch genauer die Halopopulation II und die „gemäßigtere" mittlere Population II unterscheiden — vor; man erkennt sie daher in kinematischer Hinsicht als Schnelläufer (high velocity stars). Eine Altersbestimmung ist möglich an Hand der Farbenhelligkeitsdiagramme der zur Halopopulation II gehörenden Kugelsternhaufen. Diese bilden danach (zusammen mit den alten galaktischen Sternhaufen, wie NGC 188) die älteste Bevölkerungsgruppe unserer Milchstraße. Auch die Schnelläufer mit verschiedenen Metallhäufigkeiten können nach ihrem Farbenhelligkeitsdiagramm nicht viel jünger sein. Zusammenfassend können wir also sagen, daß *es metallarme Sterne nur unter den ältesten Sternen des Milchstraßensystems gibt.* Die Genauigkeit der Altersbestimmung aus den Farbenhelligkeitsdiagrammen reicht (insbesondere angesichts der verschiedenen Zusammensetzung) nicht aus, um einen Altersunterschied zwischen den metallarmen Kugelhaufen und den galaktischen Sternhaufen normaler Metallhäufigkeit mit einiger Sicherheit festzustellen.

Die Entwicklungsgeschwindigkeit ist auch bei den metallarmen Sternen in erster Linie von ihrer Masse abhängig. Sterne mit weniger als $\sim 1\,\mathfrak{M}\odot$ befinden sich noch auf ihrer ursprünglichen Hauptsequenz. Früher hat man solche Sterne mit schwachen Metallinien „zu früh" klassifiziert; so kamen sie im H.R.-Diagramm unter die Hauptsequenz zu liegen, und man nannte sie Subdwarfs oder Unterzwerge; diesen Namen hat man beibehalten. Ein typisches Beispiel ist der sonnenähnliche HD 140 283 mit $M/H \approx \frac{1}{200}$. Der rote Riesenstern HD 122 563 mit einem vielleicht sogar noch etwas kleineren M/H-Verhältnis hat offenbar im Inneren schon einen wesentlichen Bruchteil seines Wasserstoffs verbraucht. Der Schnelläufer HD 161 817 — mit der größten bekannten Radialgeschwindigkeit von 363,4 km/sec — hat $M/H = \frac{1}{13}$; er hat im Farbenhelligkeitsdiagramm schon den Horizontalast erreicht. Und in dem Kugelsternhaufen M 15 kennt man sogar einen metallarmen planetarischen Nebel K 648! Auch bei allen diesen Sternen haben die Kernprozesse im Sterninneren die Zusammensetzung der Atmosphären nicht beeinflußt.

9. Helium in galaktischen Objekten

Da bei der nuklearen Verbrennung des Wasserstoffs das Helium zunächst sozusagen als Asche zurückbleibt, so ist das Verhältnis H/He von ganz besonderem Interesse. Leider sind die Anregungsenergien der Heliumlinien so groß, daß man sie nur bei ziemlich hohen Temperaturen überhaupt erwarten kann. Eine Ausnahme macht die Sonne, in deren Protuberanzen mit ihren sehr ungewöhnlichen Anregungsverhältnissen die gelbe Heliumlinie seinerzeit entdeckt wurde.

Fassen wir zunächst die Analysen der Objekte mit normalem Metallgehalt zusammen, d. h. heiße Hauptsequenzsterne und Übergiganten, galaktische Gasnebel (aus denen sie entstehen), planetarische Nebel und die Sonnenprotuberanzen [2], so erhält man im Mittel H : He = $(6,2 \pm 0,8) : 1$.

Die nächste — höchst aufregende — Frage ist selbstverständlich: „Sind die metallarmen Objekte auch heliumarm oder

nicht?" Sie ist schwer zu beantworten, da die alten Sterne der
metallarmen Population II erst in den letzten, kurzlebigen und
daher seltenen Stadien ihres Weges durch das Farbenhelligkeitsdiagramm so hohe Temperaturen erreichen, daß Heliumlinien
überhaupt ggf. entstehen können. Noch dazu sind solche Objekte
meist weit entfernt und daher sehr lichtschwach. Mit leidlicher
Genauigkeit konnte man analysieren den Halo-B-Stern BD +
33°2642, den Stern Barnard 29 im Kugelhaufen M13, den
schon erwähnten planetarischen Nebel in dem Kugelhaufen M15
und einen planetarischen Nebel hoher Geschwindigkeit
NGC 6644 (über die schwereren Elemente ist bei letzterem
nichts bekannt). Es zeigte sich überraschenderweise, daß alle
diese Objekte normale Heliumhäufigkeit, $H : He \approx 5,5 - 9 : 1$,
haben! Es gibt zwar auch „heliumschwache B-Sterne", aber
deren Spektren zeigen (soweit man es bei so schwachen Objekten
erkennen kann) auch andere anomale Züge, die auf einen ungewöhnlichen Entwicklungsweg hinweisen. In unserer Milchstraße
haben also *alle* Sterne, unabhängig von der Metallhäufigkeit,
in ihren Atmosphären oder Hüllen (soweit keine Durchmischung
mit teilweise verbrannter Materie stattgefunden hat) *dasselbe*
Häufigkeitsverhältnis $H : He = 6,2$.

10. Andere Galaxien

Die nächsten Nachbarn unserer Milchstraße im Weltraum sind
die große und die kleine Magellanische Wolke (LMC und SMC).
In der *Hubble-Sequenz* der Galaxien (Abb. 4) stehen sie ganz
an einem Ende als Irr I-Galaxien mit viel interstellarer Materie. Spektroskopisch untersuchen konnte man bis jetzt eine
Anzahl extrem heller Übergiganten. Diese unterscheiden sich
von analogen Sternen unserer Milchstraße in keiner Weise; die
Häufigkeiten von Helium und Metallen relativ zum Wasserstoff stimmen daher (mindestens bis auf einen Faktor $\sim 1,5$)
überein. Dies wird bestätigt durch die quantitativen Analysen

von Gasnebeln, aus denen die erwähnten Sterne ja entstanden sind. Das Verhältnis H : He kennt man weiterhin für Gasnebel in der Sc-Galaxis M33 und in der unserem System ähnlichen Andromeda-Galaxis M31, hier sogar für verschiedene Abstände vom Zentrum. In elliptischen Galaxien, am anderen Ende der *Hubble-Sequenz*, kann man zwar keine einzelnen Sterne spektroskopieren, aber das integrierte Spektrum z. B. der Galaxis NGC 205 weist darauf hin, daß sie im wesentlichen aus normalen Sternen zusammengesetzt ist.

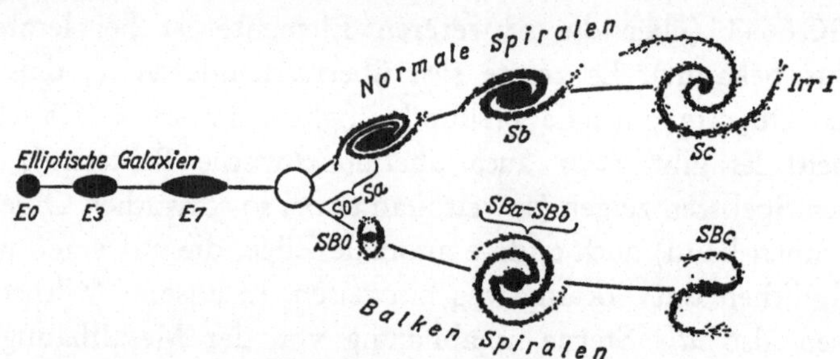

Abb. 4. Hubbke-Klassifikation der Galaxien

Daneben findet man auch in fernen Galaxien metallarme Objekte, wie Kugelhaufen und helle rote Riesen, die sich hinsichtlich ihrer Lage im Farbenhelligkeitsdiagramm als gleichartig mit analogen galaktischen Objekten erweisen (Spektren kann man von diesen sehr lichtschwachen Objekten nicht erhalten).

Das Studium der fernen Galaxien führt uns also zu zwei Erkenntnissen, deren Bedeutung bis jetzt meist nicht genügend gewürdigt wurde:

— Der Heliumgehalt und die maximale Metallhäufigkeit sind in allen Galaxien gleich, unabhängig von deren Gehalt an interstellarer Materie und von ihrer sonstigen Struktur, wie *Hubble-Typ*, Masse usw.

— Das Vorhandensein einer metallarmen und einer metallreichen Sternpopulation ist unabhängig davon, ob die Galaxis

eine ausgesprochene Gliederung in Halo und Scheibe aufweist (wie bei uns und in M31, d. h. im mittleren Teil der
Hubble-Sequenz) oder nicht (bei den elliptischen bzw. Irr I-
Galaxien an beiden Enden der *Hubble-Sequenz).*

11. Die Entstehung der chemischen Elemente

Bis vor etwa 10 Jahren, als man nur die gleichartige Zusammensetzung der Materie in den „normalen" Sternen sowie der Erdkruste und den Meteoriten kannte, versuchte man diese im
Anschluß an Lemaître, Gamow und andere zu erklären durch
die Hypothese des Urknalls oder des „Big Bang", einer gewaltigen Explosion, welche die Expansion des Weltalls einleitete.

Kernphysikalische Schwierigkeiten sowie die Entdeckung der
metallarmen Halo-Sterne und -Sternhaufen ebneten den Weg
für die 1957 von dem Ehepaar Burbidge, Fowler und Hoyle
vorgeschlagene B^2FH-Hypothese (wie man sie kurz nennt). Danach bestand die Welt ursprünglich aus Wasserstoff. Unsere
Galaxis, auf deren Betrachtung sich die genannten Autoren in
der Hauptsache beschränken, war im Anfang eine fast kugelförmige Wolke aus Wasserstoff, sozusagen der Ur-Halo. In diesem bildeten sich die metallarmen Halo-Sterne. Erst mit der
Entwicklung mehrerer Generationen von Sternen und ihrer
Wiederauflösung (etwa durch Supernova-Explosionen) in das
interstellare Medium entstand nach B^2FH die immer metallreichere Materie, aus der sich schließlich die Sterne der Scheiben-
und Spiralpopulationen bilden konnten. Parallel mit dieser
nuklearen Entwicklung müßte sich ein ebenso gewaltiger dynamischer Vorgang abgespielt haben, nämlich die Bildung der
galaktischen Scheibe durch Zusammensturz eines großen Teils
der Halo-Materie.

Als bekannt wurde, daß das Häufigkeitsverhältnis H : He
in den metallreichen und den metallarmen Sternen dasselbe ist,
holte man zunächst die „Big-Bang"-Theorie wieder in einer ein-

geschränkten Form hervor, die unter dem Schlagwort „Little Bang" oder — etwas pompöser — „The Big Fireball" bekannt wurde. Sie erklärte in plausibler Weise das beobachtete Verhältnis H : He *und* die inzwischen mit Radioteleskopen im Gebiet der mm- bis dm-Wellen entdeckte kosmische 3-°K-Hohlraumstrahlung. Letztere wird zurückgeführt auf die beim „Little Bang" entstandene Hohlraumstrahlung extrem hoher Temperaturen, die bei der Expansion adiabatisch abgekühlt wurde.

Auch so können wir aber m. E. den in den vorhergehenden Abschnitten zusammengetragenen (und einigen weiteren) Beobachtungen noch nicht gerecht werden, und wir wollen versuchen, einige wichtige Punkte neu durchzudenken.

Zunächst noch einmal zum Alter des Universums: Die heute üblichen Zahlenangaben überdecken einen weiten Bereich, etwa von 7—$20 \cdot 10^9$ Jahren, einerseits wegen der Ungenauigkeit der *Hubble-Konstante* und andererseits besonders wegen der Abhängigkeit der Altersberechnung der ältesten Sternhaufen von den dabei gemachten Annahmen. Wir können dem heute eine sehr viel präzisere Überlegung entgegenstellen: Wir sahen, daß die schweren Elemente (genauer gesagt: mehr als 70% derselben) schon am Anfang der galaktischen Scheibe vorhanden waren. wie man sich auch immer die Entstehung der schweren Elemente vorstellen mag, es kann demnach kein Zweifel bestehen, daß ihr Alter dem der Milchstraße und dem des gesamten Kosmos so nahe kommt, daß eine Unterscheidung nicht möglich ist. Andererseits aber kann man, wie wir sahen, das Alter der elternlosen radioaktiven Elemente auf der Erde sehr genau angeben zu $\sim 7 \cdot 10^9$ *Jahren*. Wir müssen diese Zahl daher zugleich als *Weltalter* akzeptieren und sie in Zukunft sozusagen als Grenzbedingung für Sternentwicklungsrechnungen und kosmologische Weltmodelle ansehen.

Als nächsten Punkt betrachten wir kritisch die Entstehung der galaktischen Scheibe durch Kollaps aus dem Halo. Aus mechanischen Gründen müßte dieser Vorgang sich in einem Zeitraum abgespielt haben, der dem freien Fall und damit größenordnungsmäßig den Umlaufzeiten im galaktischen System entspricht, d. h. $\sim 2 \cdot 10^8$ Jahren. Eggen, Lynden-Bell und Sandage haben diesen Schluß bestätigt durch eine Untersuchung der adiabatischen Invarianten des Systems. Noch ein Stück weiter führt die Betrachtung der axialen Komponente des galaktischen Bahndrehimpulses pro Masseneinheit, einerseits im Halo und andererseits in der galaktischen Scheibe. Nach den Grundprinzipien der Mechanik müßte nämlich diese Größe beim Kollaps erhalten bleiben. Eine genauere Diskussion der galaktischen Bewegungen der metallarmen RR-Lyrae-Veränderlichen, die zu den ältesten Mitgliedern der Halopopulation II gehören, zeigt, daß der Drehimpuls pro Masseneinheit im Halo wesentlich geringer ist als in der Scheibe. Wenn dem so ist, so dürfte kaum etwas anderes übrigbleiben, als die ganze Kollapshypothese aufzugeben und uns — im Anschluß an Ambarzumian — vorzustellen, daß zuerst die galaktische Scheibe da war und daß sich der Halo dann gleich im Anfang der galaktischen Entwicklung aus dem drehimpulsarmen Kern der Galaxis heraus durch eine gigantische Explosion gebildet hat.

Die Annahme derartiger galaktischer Explosionen, die Massen von der Größenordnung einer mittleren Galaxis erfassen, wäre noch vor wenigen Jahren völlig phantastisch erschienen. Inzwischen hat uns die Radioastronomie darüber belehrt, daß die Radiogalaxien wie Cygnus A so entstanden sein müssen und daß in der Radioquelle Centaurus A jedenfalls zwei, vielleicht sogar drei solche Explosionen stattgefunden haben. In der Galaxis M82 können wir eine derartige galaktische Katastrophe auch optisch beobachten. In den vieldiskutierten Quasars spielt sich Ähnliches vielleicht noch in viel größerem Maßstab ab.

Wo und wie ist nun die Entstehung der schweren Elemente vor sich gegangen?

Nach der B^2FH-Hypothese sollen die schweren Elemente in dem sehr kurzen Zeitraum von $\sim 2 \cdot 10^8$ Jahren im Ur-Halo gebildet worden sein. Es erscheint aber andererseits ganz unverständlich, daß die nach B^2FH dazu notwendigen Prozesse der

Entstehung und Wiederauflösung von Sternen in dem Ur-Halo mit seiner extrem geringen Dichte mit so viel größerer Geschwindigkeit vor sich gegangen sein sollen als später in der galaktischen Scheibe oder z. B. in den Magellanischen Wolken mit ihrer erheblich größeren Gasdichte. Warum soll sodann in allen Galaxien der verschiedenen Hubble-Typen als Endergebnis sich genau dasselbe Verhältnis H : He : schwere Elemente eingestellt haben? Warum endlich sollen die als Endergebnis höchst komplizierter Prozesse entstandenen relativen Häufigkeitsverhältnisse der schweren Elemente in der Scheibe und den Spiralarmen genau dieselben sein wie in den geringen Spuren der schweren Elemente, die wir in extrem metallarmen Halo-Sternen finden?

Über die ganz andersartigen Änderungen der Häufigkeitsverteilung der schweren Elemente in der Stellarmaterie durch die bekannten Kernprozesse geben uns ja die verschiedenen Klassen anormaler Sternspektren weitgehend Auskunft.

Von der Astronomie her gesehen dürfte kaum ein anderer Ausweg bleiben, als zu der Vorstellung zurückzukehren, daß die metallreiche Materie, aus der der größte Teil der Galaxien besteht, mit ihrer universellen Häufigkeitsverteilung im Anfang der Expansion des Weltalls entstand. Mit anderen Worten: Man müßte versuchen, die kernphysikalischen Schwierigkeiten der *Lemaître-Gamowschen Hypothese* zu überwinden.

Den Ursprung der metallarmen Halo-Sterne hätte man sich in diesem Rahmen etwa so vorzustellen, daß bei der schon erwähnten gigantischen Explosion im Kern unserer Galaxis Materie herausgeschleudert wurde, die vorwiegend aus Wasserstoff und Helium in etwa dem „kosmischen Mischungsverhältnis" bestand. Daß so etwas möglich ist, wird durch Rechnungen der *Fowlerschen Schule* zur Theorie des „Little Bang" nahegelegt. Diese metallfreie Materie hätte dann nach Mischung mit der älteren metallreichen Materie aus der Scheibe zur Bildung der metallarmen Halo-Sterne geführt. Die bisherigen Altersberechnungen lassen übrigens — innerhalb ihrer Fehlergrenzen —

durchaus die Möglichkeit offen, daß die Kugelsternhaufen nicht älter sind als die ältesten Objekte der galaktischen Scheibe. Die Zuordnung der metallarmen Sterne zu einem Halo und der metallreichen Sterne zur Scheibe ist offenbar schon deswegen auf Galaxien mittlerer Typen beschränkt, weil man bei vielen anderen Galaxien an den Enden der Hubble-Sequenz gar nicht von einem Halo und einer Scheibe sprechen kann.

Wir haben gesehen, daß die bisherigen Vorstellungen über die Evolution der Elemente erheblichen Einwänden ausgesetzt sind. Auch die Grundzüge unserer neuartigen Vorstellungen bedürfen sicher in vieler Hinsicht noch weiterer Ausarbeitung und wohl auch Verbesserung. Feststehen dürfte aber, daß die quantitative spektroskopische Ermittlung der Häufigkeitsverteilung der Elemente in den Atmosphären von Sternen verschiedener Herkunft und verschiedenen Alters uns sehr wirkungsvolle Möglichkeiten an die Hand gibt zum Studium der großen Probleme der kosmischen Evolution.

Anmerkungen

[1] Auf die besonderen Methoden zur quantitativen Analyse der Spektren von planetarischen und Gasnebeln können wir hier nicht eingehen.

[2] Messungen in der solaren Ultrastrahlung und dem Sonnenwind haben wir nicht herangezogen, da sich hier der Unterschied im Verhältnis von Ladung zu Masse zwischen H und He auswirken könnte.

Literatur

Wir verzichten auf eine Zusammenstellung der sehr umfangreichen Detailliteratur und geben eine Reihe zusammenfassender Darstellungen an, die ausführliche Literaturangaben enthalten:

Burbidge, E. M., Burbidge, G. R., Fowler, W. A., and Hoyle, F.: Synthesis of the Elements in Stars. Rev. mod. Phys. 29, 547 (1957).

Sandage, A.: The Time Scale of Creation. In: Galaxies and the Universe. Ed. L. Woltjer. Columbia University Press. New York, London 1968.

Schwarzschild, M.: Structure and Evolution of the Stars. Dover Publ. Inc. (S 1479), New York 1965.

Stars and Stellar Systems, Vol. 8: Stellar Structure. Ed. L. H. Aller and D. B. McLaughlin. University of Chicago Press, Chicago 1965.

Unsöld, A.: Der neue Kosmos. Heidelberger Taschenbücher Nr. 16/17. Springer-Verlag, Berlin, Heidelberg, New York 1967. Englische Übersetzung ebd. 1968.

Unsöld, A.: Stellar Abundances and the Origin of the Elements. Science **163**, 1015 (1969).

Die Einheit des Universums

Der Gedanke der „Einheit des Universums" ist wohl so alt wie das menschliche Denken überhaupt. „Die griechische Philosophie" — so erklärte Friedrich Nietzsche 1873 — „scheint mit einem ungereimten Einfalle zu beginnen, mit dem Satze: daß das Wasser der Ursprung und der Mutterschoß aller Dinge sei". Und er sagt dann weiter von Thales (von dem hier die Rede war): „Das... war ein metaphysischer Glaubenssatz, der seinen Ursprung in einer mystischen Intuition hat und dem wir bei allen Philosophen... begegnen: — der Satz ‚alles ist eins'." Etwas später fährt er dann fort: „In solcher lapidarischen Eindringlichkeit sagt Anaximander einmal: ‚Woher die Dinge ihre Entstehung haben, dahin müssen sie auch zugrunde gehen, nach der Notwendigkeit; denn sie müssen Buße zahlen und für ihre Ungerechtigkeiten gerichtet werden, gemäß der Ordnung der Zeit.' Rätselhafter Ausspruch eines wahren Pessimisten, Orakelschrift am Grenzsteine griechischer Philosophie, wie werden wir dich deuten?"

Unserem Jahrhundert war es vorbehalten, das gesamte Universum — den Kosmos — in seinem räumlichen Aufbau und in seiner zeitlichen Entwicklung zu einem Gegenstand exakter Naturforschung zu machen. Und ist es nicht eines der größten Wunder, daß unser menschlicher Verstand in steter Wechselwirkung mit der empirischen Erforschung der Natur imstande ist,

Denkformen und Methoden hervorzubringen, die nicht nur den Ablauf der Experimente im Laboratorium, sondern ebenso die Zusammenhänge im Weltall über Milliarden von Lichtjahren hinweg zu verstehen ermöglichen?

Schon die Feststellung der „Astronomischen Einheit", d. h. die Messung des mittleren Erdbahnradius' in Kilometern, war bis vor kurzem ein gewaltiges Unternehmen, in dem astronomische und geodätische Messungen höchster Präzision an vielen Sternwarten ineinandergreifen mußten. Heute kann man Radarreflexionen von der Venus erhalten und so mit größerer Genauigkeit Entfernungen im Planetensystem in derselben Weise messen, wie z. B. die der Flugzeuge von ihrer Landebahn.

Schon ein Stück weiter in den Weltraum hinaus führt uns die Methode der trigonometrischen Sternparallaxen: Ein Stern wird von zwei (oder mehr) Punkten der Erdbahn aus anvisiert. Die kleine jährliche Verschiebung seiner Lage am Himmel relativ zu sehr viel weiter entfernten Sternen liefert seine Parallaxe, d. h. den Winkel, unter dem der Erdbahnradius, von dem Stern aus gesehen, erscheinen würde. Die Entfernung eines Sternes ist offenbar umgekehrt proportional seiner Parallaxe; einer Parallaxe von 1″ entspricht eine Entfernung von 1 parsec — wie man sagt — oder — wie man leicht ausrechnet — 3,26 Lichtjahren. Unser nächster Nachbar im Weltall, der Stern α Centauri (am Südhimmel) hat eine Parallaxe von 0,75 und also eine Entfernung von 1,3 parsec oder 4,3 Lichtjahren. Leider wird die Genauigkeit der trigonometrischen Entfernungsmessung bei Abständen über 50 parsec — also, astronomisch gesprochen, in unserer nächsten Umgebung — schon sehr gering.

Die weitere Erforschung unseres Milchstraßensystems und erst recht ferner Galaxien bedient sich daher einer andersartigen Methodik, nämlich der photometrischen Entfernungsmessung. Sie beruht im Grunde auf dem bekannten Gesetz, daß die „Abnahme der Helligkeit umgekehrt proportional dem Quadrat der Entfernung" ist. Für einen bestimmten Typ von Sternen, den man z. B. an seinem Spektrum oder an der Art seines Lichtwechsels überall wiedererkennt, berechnet man an Hand weniger und benachbarter Exemplare mit bekannter Entfernung zunächst seine absolute Helligkeit, d. h. diejenige Helligkeit, welche der Stern in einer Standardentfernung von 10 parsec hätte. In einer Entfernung von 100 parsec würde uns derselbe Stern 10×10, d. h. 100mal schwächer erscheinen; in einer Entfernung von 100 parsec würde er uns 100×100, d. h. 10 000mal schwächer erscheinen. Finden wir umgekehrt in irgendeinem kosmischen Gebilde einen Stern der betrachteten Art und ist seine scheinbare Helligkeit z. B. $^1/_{10000}$ der absoluten, so wissen wir, daß der Stern und damit auch das ganze kosmische Gebilde dem er angehört, sich in einer Entfernung von 1000 parsec befindet. In praxi wird die Anwendung dieses einfachen Grundgedankens wesentlich erschwert durch das Hinzukommen der interstellaren Absorption, die das Licht der Sterne schwächt und so zu große Entfernungen vortäuscht, sofern man nicht ihre Wirkung neben dem Abstandsquadrat in Rechnung stellt. Wir wollen hier auf diese etwas komplizierten Dinge nicht weiter eingehen.

Die geschilderte Methodik der photometrischen Entfernungsmessung hat zuerst 1918 H. Shapley — damals am Mt. Wilson Observatory — angewandt auf die Kugelsternhaufen unter Verwendung der in ihnen vorkommenden kurzperiodischen Cepheiden-Veränderlichen, der sog. Haufenveränderlichen. Später konnten Shapley und andere im wesentlichen dieselbe Methodik auch auf einzelne Milchstraßenwolken anwenden, jene gewaltigen Zusammenballungen von Sternen im hellen Band der Milchstraße, wie sie uns besonders auf Aufnahmen im Schmidt-Teleskop — dieser idealen Kamera mit großer Lichtstärke und großem Öffnungswinkel — unmittelbar ins Auge fallen.

Aus solchen Untersuchungen, an denen die Astronomen der großen Sternwarten aller Länder mit vielen Tausenden von Aufnahmen mitgewirkt haben, fügt sich nun Stück für Stück das heutige Bild vom Aufbau unserer Milchstraße, des galaktischen Systems, zusammen.

Ehe wir es im einzelnen betrachten, lenken wir unseren Blick noch ein Stück weiter hinaus in die Tiefen des Weltraums: 1924 gelang es E. Hubble, im Andromedanebel und einigen anderen Spiralnebeln Cepheiden und andere Sterne (mehr oder weniger) bekannter absoluter Helligkeit zu entdecken und so die Entfernungen dieser Objekte zu bestimmen. Sie erwiesen sich — wie schon z. B. I. Kant vermutet hatte — als Geschwister unseres Milchstraßensystems, als ferne Galaxien. Insbesondere haben neuere Arbeiten von W. Baade u. a. gezeigt, daß der Andromedanebel (Messier 31), einer unserer nächsten Nachbarn im intergalaktischen Raum in etwa 2 Millionen Lichtjahren Entfernung, auch in vielen Details genau unserer Milchstraße entspricht. So ist es heute möglich, dort, wo der Milchstraßenforschung der Ausblick durch kosmische Dunkelwolken versperrt ist, Beobachtungen am Andromedanebel zu verwenden. Umgekehrt können wir mancherlei lichtschwache Objekte im Andromedanebel wegen seiner großen Entfernung nicht mehr beobachten; dafür können wir diese wenigstens in unserer Umgebung im Milchstraßensystem genauer studieren.

So gewinnen wir folgendes Bild: Den Kern des Systems bildet eine Anhäufung von ungefähr zehn Millionen Sonnenmassen in einem Bereich von nur 7 parsec oder 23 Lichtjahren Radius. Die Hauptmasse des Milchstraßensystems (wie des Andromedanebels) aber — etwa 100 Milliarden Sonnenmassen — ist angeordnet in Form einer flachen Scheibe von ungefähr 30 000 parsec Durchmesser, deren Dicke in der Mitte etwa 2000 parsec, am Rande nur wenige hundert parsec, beträgt. Unser Sonnensystem befindet sich nahe der Zentralebene in einer Entfernung von 8200 parsec vom Kern, also ziemlich am Rande des Milchstraßensystems. Die — wie gesagt — stark abgeplattete Scheibe ist umgeben von einer viel weniger abgeplatteten Hülle, die nur dünn mit Sternen und insbesondere den Kugelsternhaufen besetzt ist, dem sogenannten galaktischen Halo.

Wie schon die Gestalt der Milchstraße nahelegt, rotiert sie, und zwar entsprechend ihrer Massenverteilung in größeren oder kleineren Entfernungen vom Kern mit verschiedenen Umlaufzeiten. Wir selbst umkreisen z. B. den Kern der Milchstraße in 230 Millionen Jahren. Das heißt, seitdem in unseren Breiten die Steinkohlenwälder wuchsen, hat die Sonne einmal das galaktische Zentrum umkreist!

Die drei Hauptteile unserer Milchstraße und ähnlicher Systeme — Kern, Scheibe und Halo — unterscheiden sich auch in sehr charakteristischer Weise durch die Art und Beschaffenheit der darin vorkommenden Sterne. In Anlehnung an W. Baades grundlegende Untersuchungen (1944) sprechen wir von verschiedenen Sternpopulationen. Es hat sich herausgestellt, daß dies gleichzeitig Gebilde verschiedenen Alters sind. Die Entwicklung der Galaxien und der darin enthaltenen Sterne ist aber auf das engste verknüpft mit den Kernprozessen, welche die von den Sternen ausgestrahlte Energie liefern. Deren Bilanz können wir spektroskopisch überwachen. Wir haben so seit wenigen Jahren die Möglichkeit, die grundlegenden Probleme der Kosmogonie, die Entwicklung von Sternen und Sternsystemen, nicht nur theoretisch, sondern auch mit den Hilfsmitteln direkter Beobachtung zu erforschen.

Am besten wissen wir Bescheid über die Scheibe der Milchstraße, in der wir selbst zusammen mit Milliarden anderer Sterne mit einer Geschwindigkeit von etwa 200 km/sec „Karussell fahren“. Auf photographischen Aufnahmen des Andromedanebels sehen wir direkt (und in unserer Milchstraße zeigen es diffizilere Untersuchungen) in die Scheibe eingebettet eine Anzahl von Spiralarmen. Sie sind markiert durch hellglänzende galaktische Sternhaufen, wie die Plejaden, die Hyaden, die Praesepe usw. und kleinere Gruppen absolut heller blauer, d. h. heißer Sterne, sog. Sternassoziationen. Daneben erkennen wir aber auch, längs der Spiralarme teils ziemlich gleichmäßig, teils mehr wolkig verteilt, diffuse interstellare Materie. Die Radiofrequenzstrahlung bei 21 cm Wellenlänge erschließt uns den atomaren Wasserstoff; sog. HII-Regionen leuchten hell in der

roten Wasserstofflinie und deuten auf ionisierten Wasserstoff;
interstellare Absorptionslinien des Kalziums, Natriums künden
uns von der Anwesenheit schwerer Elemente im interstellaren
Gas. Stellenweise hat dieses sich offenbar zu fein verteiltem
kosmischem Staub kondensiert. Solche Staubmassen bilden die
kosmischen Dunkelwolken, wie den bekannten „Kohlensack"
im Sternbild des südlichen Kreuzes. In den Plejaden wird eine
solche Staubwolke von den mit bloßem Auge sichtbaren Sternen
erleuchtet und erscheint auf langbelichteten Aufnahmen als heller Reflexionsnebel. Diese Masse der Staubwolken ist klein im
Vergleich zu der des interstellaren Gases; dessen Massendichte
aber reicht in der Milchstraßenebene durchaus an die sichtbare
Dichte der in den Sternen zusammengeballten Masse heran.

Den Schlüssel zu einem kosmogonischen Verständnis dieser
Beobachtungen und einen ersten Einblick in den Ablauf kosmischer Entwicklungsvorgänge liefert uns nun eine Abschätzung
der Energiebilanz für einige typische Sterne:

Wir bemerkten schon, daß die von der Sonne und den meisten Sternen Jahr für Jahr ausgestrahlte Energie letzten Endes
erzeugt wird durch Kernprozesse. Im Inneren der Sterne können sich — es gibt dafür verschiedene Möglichkeiten — bei
Temperaturen von größenordnungsmäßig zehn Millionen Grad
je 4 Wasserstoffatome zu einem Heliumatom vereinigen. Die
pro Wasserstoffatom freiwerdende Energie können wir nach der
bekannten Einsteinschen Beziehung zwischen Masse und Energie
berechnen, und so findet man, daß z. B. eine Sonne, die anfäng-
lich ganz aus Wasserstoff bestand, bis zur völligen Umwandlung in Helium ihren jetzigen Energiebedarf auf 100 Milliarden
Jahre decken könnte. Diese Zeitspanne ist lang sogar im Vergleich zum „Alter der Welt", das wir — um spätere Ausführungen vorwegzunehmen — heute auf 10 bis 20 Milliarden Jahre
schätzen.

Aber die blauen, heißen Sterne in den galaktischen Sternhaufen und den Sternassoziationen strahlen pro Jahr bis
100 000mal mehr Energie aus als unsere Sonne. Ihr Wasser-

138

stoffvorrat muß schon in einigen Millionen Jahren dahinschwinden. Das heißt, daß z. B. die Entstehung der hellen Orionsterne noch von den ersten primitiven Menschen miterlebt wurde. Hätten sie uns doch einige astronomische Aufzeichnungen hinterlassen! So müssen wir versuchen, unsere heutigen Beobachtungen in geeigneter Weise zu kombinieren und mit den Hilfsmitteln der Theorie zu deuten. Es ergibt sich folgendes Bild, das wir noch durch viele detaillierte Beobachtungen und Überlegungen stützen könnten: Von Zeit zu Zeit wird in der Scheibe der Milchstraße eine Gaswolke von mehreren tausend Sonnenmassen instabil und beginnt sich zusammenzuballen. Dabei zerteilt sie sich stufenweise weiter, und es entstehen einzelne Haufen oder Assoziationen heißer blauer Sterne. Ob ein solcher Haufen zusammenbleibt oder nicht, hängt davon ab, ob die wechselseitige Anziehung seiner Mitglieder stärker oder schwächer ist als die störende Einwirkung des galaktischen Kraftfeldes. Im Orion z. B. hat ein solcher Vorgang der Entstehung einer Sterngruppe innerhalb einer verhältnismäßig kurzen Zeit erst vor wenigen Millionen Jahren angefangen und ist teilweise heute noch im Gang. Der einzelne Stern ist anfangs noch ein ausgedehnter, fast dunkler Gasball. Erst bei weiterer Kondensation erhitzt er sich. Ist im Inneren eine Temperatur von ungefähr zehn Millionen Grad erreicht, so zünden die erwähnten Kernreaktionen und nun „lebt" der Stern auf Kosten seiner Kernenergie, bis sein Wasserstoff-Vorrat zum größeren Teil zu Helium verbrannt ist. Die weiteren Schritte der Sternentwicklung sind noch nicht so genau erforscht. Mancherlei Überlegungen und Beobachtungen aber deuten darauf hin, daß irgendwie 1. bei Temperaturen von einigen Milliarden Grad — vielleicht im Verlauf katastrophenartiger Prozesse — schwerere Elemente gebildet werden können, und daß 2. der Stern einen erheblichen Bruchteil seiner Masse wieder an das interstellare Medium zurückgibt, um schließlich als weißer Zwergstern mit ganz geringer Ausstrahlung in einem Zustand extremer Kondensation mit einer Massendichte von ungefähr 10 Millionen Gramm pro cm^3

zu enden. Ein Fingerhut voll dieser „toten Materie" wiegt also 10 Tonnen!

Spektroskopisch konnte man nachweisen, daß die chemische Zusammensetzung der interstellaren Materie mit der typischer „junger" Sterne, der sog. Sternpopulation I in den Spiralarmen, wie Tau Scorpii, 10 Lacertae, in der Tat übereinstimmt.

Daß diese Feststellung nicht — wie man es früher unbedenklich tat — im Sinne einer universellen kosmischen Häufigkeitsverteilung der Elemente verallgemeinert werden darf, lehrt das Studium des galaktischen Halos mit seiner charakteristischen sog. Sternpopulation II. Ihr gehören an: Die Kugelsternhaufen, d. s. sehr dichte Zusammenballungen von Zehntausenden von Sternen, und viele der sog. „Schnelläufer", insbesondere die sogenannten Subdwarfs oder Unterzwerge. Alle diese Objekte bewegen sich um den Kern der Milchstraße in langgestreckten Ellipsenbahnen. Deren Ebenen zeigen keine gesetzmäßige Anordnung. So eben entsteht ja das Bild des fast kugelförmigen Halos. Von der Erde aus gesehen bewegen sich die Objekte der Halo-Population II mit hohen Geschwindigkeiten, meist über 100 km/sec; während — wie wir ja sahen — die Sterne der Population I in der galaktischen Scheibe mit uns wie ein Schwarm Fische dahinziehen und daher relativ zu uns nur kleine Geschwindigkeiten von der Größenordnung 10—20 km/sec zeigen.

Alles deutet darauf hin, daß der Halo der älteste Teil der Milchstraße ist. Neuere spektroskopische Untersuchungen haben gezeigt, daß in den typischen Objekten der alten Halo-Population II die Häufigkeit der schweren Elemente relativ zum Wasserstoff noch bis 200mal geringer ist als in den jungen Sternen der Spiralarm-Population I. Wir dürfen daraus schließen, daß die Urmaterie, aus der unser galaktisches System entstand, ganz oder fast reiner Wasserstoff war. Hieraus entstanden zuerst die Kugelsternhaufen und andere Population-II-Objekte.

Als dann später der größere Teil der galaktischen Materie die Scheibe des Milchstraßensystems bildete, waren im Ablauf von Geburt und Tod der ersten Sterngenerationen schon erhebliche Mengen schwerer Elemente wie Sauerstoff, Neon, Eisen u. a. entstanden. Die Sterne der Scheiben-Population — z. B. unsere Sonne — haben daher einen verhältnismäßig hohen Gehalt an schweren Elementen.

Und die kosmisch jüngsten Objekte, z. B. die hellen heißen Sterne der Sternassoziationen in den Spiralarmen des Milchstraßensystems, unterscheiden sich in ihrer chemischen Zusammensetzung kaum noch von denen der Scheiben-Population. Wir dürfen daraus schließen, daß seit der Bildung der galaktischen Scheibe die ganzen kosmischen Entwicklungsprozesse relativ langsam abgelaufen sind. Eine Abschätzung der gesamten Energiebilanz unserer Milchstraße bestätigt diese Vorstellung.

Wie ich schon andeutete und nun etwas weiter ausführen möchte, verdanken wir unsere Einsicht in kosmische Entwicklungsprozesse zum großen Teil der wechselseitigen Befruchtung zweier Forschungsrichtungen: einmal haben die Kernphysiker sich überlegt, durch was für Kernprozesse und unter welchen Verhältnissen die verschiedenen chemischen Elemente entstanden sein könnten; andererseits haben die Astrophysiker durch sehr detaillierte Untersuchung der Spektren verschiedenartiger Sterne die Häufigkeitsverhältnisse der Elemente in diesen Objekten immer genauer und vollständiger ermittelt. In den Meteoriten — dies sind ja die einzigen kosmischen Objekte, die man im Laboratorium direkt analysieren kann — hat man darüber hinaus gelernt, auch die Häufigkeit ganz seltener Elemente und sogar einzelner Isotope zu bestimmen. Beide Untersuchungen liefern uns Angaben von unschätzbarem Wert für die „nukleare Geschichte" wenigstens unseres Planetensystems. Schade, daß entsprechende Untersuchungen an Sternen nicht möglich sind!

Die kernphysikalische Interpretation aller dieser astrophysikalischen Beobachtungen deutet nun darauf hin, daß im Kosmos neben dem Aufbau von Helium aus Wasserstoff und von schweren Elementen wie C^{12}, O^{16}, Ne^{20} aus Helium unter anderem auch Neutronenprozesse eine Rolle spielen, die sich sehr rasch offenbar im Zusammenhang mit kosmischen Katastrophen abspielen. Man denkt dabei sogleich an die Supernovae: innerhalb weniger Tage flammt da ein einzelner Stern zu einer Helligkeit auf, welche kurze Zeit die eines ganzen Milchstraßensystems übertrifft! Der Mechanismus dieser kosmischen Katastrophen ist uns heute noch weitgehend verborgen. Auch die Spektren der Supernovae — genauer gesagt der Supernovae vom Typ I — verstehen wir heute noch nicht im geringsten. In unserem eigenen Milchstraßensystem ist eine Supernova zuletzt im Jahre 1604 u. a. von Kepler beobachtet worden; seit der Erfindung der Spektroskopie hat sich keine mehr gezeigt. Im Durchschnitt — aber eben nur im Durchschnitt! — dürfen wir pro Milchstraßensystem etwa alle 300 Jahre mit einer Supernova rechnen.

Man kann mit einigem Grund vermuten, daß die Supernovae eine wesentliche Rolle spielen 1. bei der Bildung der schweren Elemente, 2. bei der Wiederverteilung der in Sterne zusammengeballten Materie in das interstellare Gas und 3. — wie wir noch sehen werden — bei der Entstehung der kosmischen Ultrastrahlung und der Radiofrequenzstrahlung unserer Milchstraße und der fernen Galaxien.

Ehe wir solche Fragen weiter erörtern, wenden wir den Blick aus der Enge unseres Milchstraßensystems hinaus in die Welt der Milliarden und aber Milliarden ferner Galaxien, unter denen unsere Milchstraße nur einem winzigen Stäubchen gleicht wie unsere Sonne unter den Milliarden Sternen unserer Milchstraße.

Zahlreiche Aufnahmen mit den großen Spiegelteleskopen der Mt. Wilson- und Mt. Palomar-Observatorien zeigen, daß die vielen Galaxien am Himmel keineswegs gleichartig sind. Aber gewisse Formen kehren immer wieder. So hat schon E. Hubble eine Folge bestimmter Typen herausgestellt. Nach Hubbles Tod (1953) übernahm A. Sandage die ebenso schwierige wie dankenswerte Aufgabe, in Anlehnung an Hubbles Notizen den vor kurzem erschienenen „Hubble-Atlas der Galaxien" herauszugeben. Auf 50 hervorragend gedruckten Bildtafeln kann man hier einen Blick in die Wunder galaktischer Entwicklung tun. Immer wieder ist man fasziniert einmal von der Mannigfaltigkeit und dann wieder von den wechselseitigen Zusammenhängen der Formen. Und wie wenig verstehen wir wirklich!

In mühevoller Detailarbeit konnte man wenigstens einige allgemeine Züge in der Entwicklung ganzer Galaxien herausstellen: 1. Auch hier entstehen die Sterne aus kosmischem Gas. Sie entwickeln sich wieder im Zusammenhang mit den schon erörterten Prozessen der nuklearen Energieerzeugung und der Entstehung der schweren Elemente. Beim Tod eines Sternes endet ein Teil seiner Materie als weißer Zwergstern extrem hoher Dichte, während ein anderer Teil seiner Materie, nun mit erhöhtem Gehalt an Helium und schweren Elementen, an das interstellare Gas zurückgegeben wird. 2. Jüngere Galaxien zeichnen sich durch eine unregelmäßige, chaotische Struktur aus. In weiter entwickelten Galaxien haben sich die irregulären Strömungen und Strukturen weitgehend ausgeglichen, sie zeigen daher eine regelmäßige Gestalt. In diesem Sinne sind die Magellanischen Wolken — unsere Nachbarn im intergalaktischen Raum — junge irreguläre Systeme. Unsere Milchstraße und der Andromedanebel sind typische Spiralnebel mittlerer Entwicklungsstadien. Endlich sind die elliptischen und Kugelnebel, z. B. die beiden Begleiter des Andromedanebels, typisch alte, in sich ausgeglichene Systeme. 3. Die „jungen" Galaxien enthalten relativ viel interstellares Gas und daraus entstehende helle, heiße und daher blaue Sterne. In den elliptischen und Kugelnebeln dagegen fehlen diese Gebilde fast vollständig und wir haben nur „alte" Sterne, unter denen als hellste die roten Riesen hervorleuchten.

Die Gestalten der Galaxien — ich erwähnte schon den hochinteressanten Hubble-Atlas — stellen uns weiterhin die interessantesten Fragen: Ihre Entwicklung führt, wie wir sahen, von ganz chaotischen Massen über die Spiralnebel mit ausgeprägten Armen von oft schöner Symmetrie zu den — ich möchte sagen — langweiligen elliptischen und Kugelnebeln.

Wie entstehen die Spiralarme, wie ist ihre Dynamik, und — vor allem — wie können sie offensichtlich Zeiträume von mehreren Milliarden Jahren überdauern? Zunächst zeigen Beobachtung und Theorie übereinstimmend, daß Spiralarme wesentlich aus dem interstellaren Gas heraus entstehen. Handelte es sich aber einfach um herumgewirbelte Gaswolken, so wäre deren Lebensdauer nur von der Größenordnung der Rotationsdauer, also etwa 200 Millionen Jahre. In Wirklichkeit bestehen sie mindestens zehnmal so lange. Neuere Beobachtungen haben gelehrt, daß das interstellare Gas der Sitz magnetischer Kraftfelder ist. Deren Stärke entspricht zwar nur etwa $^1/_{100\,000}$ unseres magnetischen Erdfeldes, aber auf das äußerst dünne interstellare Gas, das außerdem ein sehr guter elektrischer Leiter ist, üben sie auch in dynamischer Hinsicht einen entscheidenden Einfluß aus. Leider gehören solche Probleme der Magnetohydrodynamik, der Strömung leitender Medien mit Magnetfeldern, auch zu den allerschwierigsten der theoretischen Physik. Es ist derselbe Typus physikalischer Probleme, an deren Lösung die technische Energieerzeugung durch Kernfusion geknüpft ist. Auf beiden Gebieten sind wir vom Erfolg noch gleich weit entfernt; und ich kann nur eine Schlußfolgerung sagen: nämlich, wie außerordentlich töricht und kurzsichtig die von manchen Leuten immer so betonte Unterscheidung zwischen Grundlagenforschung und angewandter Forschung eigentlich ist!

Aber begeben wir uns lieber wieder in himmlische Regionen:

Die Verteilung der Galaxien an der Himmelssphäre ist keineswegs gleichförmig. Auch abgesehen von den Effekten, die durch vorgelagerte Dunkelwolken in unserer Milchstraße vorgetäuscht werden, erkennt man unschwer wirkliche Zusammenballungen, die Nebelhaufen, offenbar als nächsthöhere Stufe in der Hierarchie kosmischer Gebilde. Auch sie unterscheiden sich untereinander noch durch mehr lockere oder kompakte Struktur und in den Anzahl-Verhältnissen verschiedener Typen von Galaxien. Allgemeine Aussagen aber wären auf diesem Gebiet wohl noch verfrüht.

Eine der dringendsten Fragen der Forschung wird nahegelegt durch Analogie zu den einzelnen Galaxien, deren Struktur und Entwicklung wesentlich bedingt ist durch das zwischen den Sternen verteilte interstellare Gas, dessen Gesamtmasse von derselben Größenordnung ist wie die der Sterne. Gibt es auch zwischen den Galaxien eines Nebelhaufens ein — vielleicht noch dünneres — intergalaktisches Gas? Enthält endlich vielleicht sogar der Raum zwischen den verschiedenen Nebelhaufen noch feiner verteilte Materie? Wir wissen es nicht oder — so dürfen wir vielleicht sagen — noch nicht. Einige Beobachtungen von Zwicky und von Hoffmeister scheinen eher für die Existenz diffuser intergalaktischer Materie zu sprechen.

Die Gesamtheit der Nebelhaufen bildet wiederum keineswegs ein beziehungsloses Chaos, vielmehr machte schon E. Hubble die außerordentlich bedeutende Entdeckung, daß das gesamte Weltall, der Kosmos, expandiert und zwar so, daß von jeder beliebigen Galaxie aus gesehen die Expansion des Weltalls in derselben Weise erscheinen würde. Machen wir uns die sicher zu sehr vereinfachende Vorstellung, daß die Welt als ganz dichte Zusammenballung aller Materie begonnen hätte, so führen neuere Untersuchungen auf ein „Weltalter“ von 10 bis 15 Milliarden Jahren. Mit dieser etwas schematischen Darstellung der Beobachtungen ist aber — dies müssen wir ausdrücklich betonen — noch so gut wie nichts gesagt über den eigentlichen Anfang und über ein mögliches Ende der „Welt“. Auch periodische oder kontinuierlich weitergehende Weltmodelle erscheinen denkbar; zu einer Entscheidung reichen unsere empirischen Kenntnisse nicht im entferntesten aus.

A. S. Eddington, P. A. M. Dirac u. a. haben schon vor vielen Jahren auf merkwürdige Beziehungen zwischen gewissen empirisch bestimmten reinen Zahlen hingewiesen, die mit derselben Größenordnung einerseits in kosmischen Dimensionen und andererseits im atomaren Bereich auftreten. Sollen wir darin einen Hinweis sehen, daß die Physik des Kosmos — wir dürfen wirklich sagen, der ganzen Welt — irgendwie direkt zusammenhängt mit deren Aufbau aus ebenfalls ganz bestimmten atomaren Elementarteilchen? Eine Antwort auf diese Frage können wir noch nicht geben, sie dürfte noch viele Jahre auf sich warten lassen. Ich glaube, wir sollten auch nicht versuchen, den Mangel an wirklichen Kenntnissen durch voreilige Spekulationen zu überbrücken.

In ähnlichem Zusammenhang wird öfters die Frage aufgeworfen, ob wir überhaupt berechtigt seien, die ursprünglich in einem verhältnismäßig engbegrenzten Raum-Zeit-Bereich gefundenen Naturgesetze anzuwenden auf kosmische Prozesse, die sich in Entfernungen von Milliarden von Lichtjahren abspielen bzw. sich — hier oder dort — vor Milliarden von Jahren abgespielt haben.

Ich möchte diese Frage mehr als eine methodische denn als eine sachliche ansehen. Lassen Sie mich das durch einen Vergleich erläutern: Bei der Erforschung des Atombaus gingen die Physiker so vor, daß sie zunächst die bekannten Gesetze der terrestrischen und der Himmelsmechanik auch auf die Atome anwandten und vorsichtig durch Hinzufügen der Bohr-Sommerfeldschen Quantenbedingungen ergänzten. Die weitere Forschung führte auf allerlei Schwierigkeiten. Diese versuchte man erst behelfsweise zu beseitigen bis es dann gelang, ein in sich konsequentes System der Quantenmechanik zu entwickeln, in dem die ältere „klassische" Mechanik der Maschinen und der Planetenbewegung als Spezialfall enthalten ist.

Kehren wir von hier zur Beantwortung unserer Ausgangsfrage zurück:

Wir können z. B. durch Beobachtungen bestätigen, daß die Atome und ihre Gesetze in den fernsten Spiralnebeln genau dieselben sind wie hier auf der Erde, denn die Spektrallinien der fernen kosmischen Gebilde lassen sich im terrestrischen Laboratorium genau reproduzieren. In diesem Bereich ist also offenbar keine Änderung unserer „terrestrischen" Physik angezeigt.

Andererseits hat z. B. die übliche Redeweise von der „Entstehung der Welt" im Rahmen unserer heutigen terrestrischen Physik eigentlich keinen Sinn. Die Frage „was vor der Welt war", erkennt auch der Laie sofort als paradox. Das heißt — nur etwas gelehrter ausgedrückt —, daß wir bei Annäherung an den „Welthorizont" offensichtlich mit unserer heutigen Physik nicht mehr auskommen. Ob es einmal gelingen wird, sie zu einer „kosmologischen Physik" mit neuartigen Vorstellungs- und Denkweisen zu erweitern, ähnlich wie es gelang, die klassische Physik für die Mikrowelt der Atome zur Quantentheorie weiterzuentwickeln, dies ist eine Frage an die Zukunft.

Wir brauchen deshalb nicht einem wissenschaftlichen Pessimismus zu verfallen. Wie sich der Forschung öfters ganz unerwartet neue Gebiete und neue Möglichkeiten erschließen, dies zeige noch ein kurzer Blick in die neuere Forschung auf den Gebieten der Radioastronomie und der kosmischen Ultrastrahlung. Die Radioastronomie befaßt sich mit der Messung und Deutung der von kosmischen Gebilden aller Art ausgesandten radiofrequenten Strahlungen mit Wellenlängen von einigen Millimetern bis etwa hundert Metern. Die kosmische Ultrastrahlung andererseits besteht aus Teilchen mit Energien von einigen hunderttausend bis etwa 10^{19} Elektronenvolt. Eine Eins mit 19 Nullen ist immerhin eine sehr große Zahl! Wo im Kosmos entstehen Teilchen, deren Energie auch die mit den größten Kernbeschleunigungsmaschinen erreichte noch fast milliardenfach übertrifft!?

Die kosmische Radiofrequenzstrahlung wie die Ultrastrahlung unterscheiden sich von der bekannten Licht- und Wärmestrahlung der Sonne und der Sterne in grundlegender Hinsicht.

Letztere ist eine sog. thermische Strahlung; sie entsteht in den Atmosphären der Sterne und entspricht in ihrer Beschaffenheit weitgehend den dort herrschenden Temperaturen. Die kosmische Radiofrequenzstrahlung und die Ultrastrahlung dagegen können wir nicht mehr in sinnvoller Weise irgendeiner Temperatur zuordnen. Dies sind nicht-thermische Strahlungen, die man nur durch detaillierte Betrachtung ihrer Erzeugungsprozesse deuten kann.

Russische Forscher, ich nenne Shklovsky, Ginzburg u. a., haben sehr wahrscheinlich gemacht, daß die nichtthermische Radiofrequenzstrahlung ausgesandt wird von energiereichen Elektronen, die um die Kraftlinien kosmischer Magnetfelder kreisen, als sog. Synchrotronstrahlung. Die erwähnten Elektronen andererseits sind wahrscheinlich zu deuten als Sekundärprodukte kosmischer Ultrastrahlung.

So können wir die Radiofrequenzstrahlung, deren Herkunftsrichtung mit Hilfe riesiger Antennen und Interferometer festgestellt werden kann, benützen, um die Herkunft auch der kosmischen Ultrastrahlung weiter zu erforschen.

Sobald einmal die Techniken der Raumfahrt noch etwas weiter entwickelt sind, wird dazu auch noch das höchst aussichtsreiche Forschungsgebiet einer Gammastrahl-Astronomie hinzutreten.

Es hat sich nun gezeigt, daß die Fähigkeit verschiedener Galaxien, nichtthermische Radiofrequenzstrahlung auszusenden, höchst unterschiedlich ist. Dasselbe — so dürfen wir wohl schließen — gilt also wohl auch hinsichtlich ihrer Produktion an äußerst energiereichen Teilchen.

Lange Zeit schien es, daß man z. B. die äußerst intensive kosmische Radioquelle im Sternbild des Schwans, welche die Radioastronomen als Cygnus A bezeichnen, nach einem Vorschlag von W. Baade deuten können als ein Paar kollidierender Galaxien, deren Stoßenergie irgendwie zum Betrieb ihres „Radiosenders" verwendet würde. Neuere sehr sorgfältige Messungen zur genauen Lokalisierung der Radiofrequenzstrahlung haben gezeigt, daß diese vielfach gar nicht in den Galaxien selbst, sondern in ziemlich weit davon entfernten Gaswolken abgestrahlt wird, und so ist man eher geneigt, die starke Radioemission als ein Durchgangsstadium in der Lebensgeschichte einer Galaxie anzusehen. Die Physik der zugrunde liegenden Prozesse ist uns heute noch weitgehend verborgen.

Die starken Radioquellen vom Typus Cygnus A haben aber astronomische und kosmologische Bedeutung noch in ganz anderem Zusammenhang:

Dank der ungeheuren Empfindlichkeit der radioastronomischen Meßgeräte können wir solche starken Radioquellen noch über Entfernungen nachweisen, wo die optische Beobachtung auch einer ganzen Galaxie selbst mit den größten Spiegelteleskopen längst nicht mehr möglich ist. Die zur Zeit über die größte Entfernung auch noch optisch beobachtete Radiogalaxie aber zeigt bereits eine Fluchtgeschwindigkeit von einem Drittel der Lichtgeschwindigkeit! Offenbar führt uns die Radioastronomie ein gutes Stück näher an den „Welthorizont" heran als die optische Beobachtung. Entscheidende Schlüsse über die raumzeitliche Struktur der ganzen Welt sind zu erwarten, wenn aus solchen und noch größeren Entfernungen einmal auch statistisch eindeutig auswertbares Beobachtungsmaterial vorliegen wird.

Mit der Physik der kosmischen Radioquellen hängt andererseits wieder die Frage nach der Herkunft der energiereichsten Teilchen aus der kosmischen Ultrastrahlung mit ihren 10^{19} eV zusammen. Reicht das Magnetfeld unserer Milchstraße gerade noch aus, um sie hier festzuhalten, oder sind es Boten aus fernen und fernsten Galaxien? Welchen kosmischen Vorgängen verdanken sie ihre Entstehung? Auch diese Frage können wir heute noch nicht beantworten.

Anhand astronomischer und astrophysikalischer Beobachtungen versuchten wir, die Hierarchie kosmischer Gebilde — Gas, Sterne, Sternhaufen, Galaxien, Nebelhaufen — in ihren räumlichen und zeitlichen Zusammenhängen zu verstehen, bis zuletzt Hubbles Entdeckung der Fluchtbewegung der Galaxien in Verbindung mit Einsteins allgemeiner Relativitätstheorie (oder verwandten Ansätzen) den Rahmen wies, um die raumzeitliche Welt als Ganzes, den Kosmos, zu überblicken. Was wir gewonnen haben, ist ein Bild, ein Bild des Kosmos so, wie wir ihn wahrnehmen und verstehen. Blicken wir noch einmal auf unsere historischen Vorbemerkungen zurück, so werden wir noch deutlicher der merkwürdigen Harmonie gewahr, die besteht zwischen der Struktur des menschlichen Geistes auf der einen Seite und dem zu erkennenden Kosmos auf der anderen Seite. Dieser Gedanke, dessen Wurzeln bis in die Tiefe der Erkenntnistheorie und in das Reich religiöser Überzeugungen hinabreichen, hat sich in der Geschichte der Naturforschung von den Zeiten der Vorsokratiker und Platos über Kepler bis in die moderne Entwicklung der Quantentheorie und der Kosmologie hinein immer wieder als höchst fruchtbar erwiesen. Und er wird es weiterhin bleiben.

Wissenschaft und Forschung
in der modernen Gesellschaft

Überall, in den verschiedensten Zusammenhängen, stoßen wir auf die Fragen: „Welche Rolle *spielt* die Wissenschaft in unserem heutigen Dasein?" — „Welche Rolle *sollte* sie spielen?" — „Wird die Wissenschaft den Aufgaben gerecht, welche ihr die moderne Gesellschaft stellt und stellen muß?" Oder sollte Mephisto recht behalten mit seiner hämischen Bemerkung: „Wenn sie den Stein der Weisen hätten, der Weise mangelte dem Stein?"

Aber auch umgekehrt müssen wir fragen: „Tut die Gesellschaft — und das heißt hier im wesentlichen der Staat — auch das ihre, um die Wissenschaft und besonders deren Vortrupp, die Forschung, in der nötigen Weise zu fördern?"

Diese Fragen, die sich noch vielfältig unterteilen und weiter spinnen lassen, betreffen heutzutage offensichtlich die ganze Welt. Sie gewinnen aber einige ganz besondere Aspekte, wenn wir — vielleicht ein bißchen künstlich — den Blick auf die Bundesrepublik beschränken, wie ich das im folgenden wenigstens teilweise tun möchte.

Besser als allgemeine Ausführungen mögen ihnen zunächst das geradezu explosive Heraufkommen von Wissenschaft und Forschung und — Hand in Hand damit — von technischen Entwicklungen zwei Beispiele erläutern, die ich mir erlauben möchte, den Bereichen der Physik bzw. der Biologie zu entnehmen:

Eines der aktuellsten Forschungsgebiete der Physik befaßt sich mit *energiereichen Teilchen*. Um die Jahrhundertwende begann es mit H. Becquerels Entdeckung der Radioaktivität. 1903 entwickelten Rutherford und Soddy die Vorstellung des radioaktiven Zerfalls der Atome. Stück für Stück vervollständigten sich die Vorstellungen über den Bau der Atome; man begann zu sprechen von der Physik der Atomhülle und einer Physik der Atomkerne. Schon 1919 gelang Rutherford die erste künstliche Zertrümmerung eines Atomkernes. Wer hätte gedacht, was aus diesen — für heutige Begriffe einfachen — Versuchen einmal werden würde? Konnte jemand ahnen, daß schon 1942 der erste Uranreaktor laufen würde, und daß 1945 eine Atombombe explodieren würde? Konnte jemand ahnen, daß die Physiker nach diesen unwahrscheinlichen Erfolgen sich sofort darauf stürzen würden, den noch viel wirksameren Energieerzeugungsprozeß zu realisieren, der seit 5 Milliarden Jahren Licht und Wärme der Sonne liefert, nämlich die Verschmelzung von Wasserstoff zu Helium. Wasserstoffbomben gehören heute schon zum üblichen Reisegepäck der Militärs; an dem Problem der stetigen Energieerzeugung mittels „Kernfusion" wird überall fieberhaft gearbeitet.

Aber das ist nur *eine* Seite der Kernphysik. Die Teilchen, von denen wir bisher sprachen, haben Energien von „nur" einigen Millionen e-Volt. Das heißt, zu ihrer künstlichen Erzeugung müßten wir elektrische Spannungen dieser Größenordnung aufwenden.

Inzwischen aber haben wir gelernt, daß in der *kosmischen Ultrastrahlung*, die aus dem Weltraum ständig auf uns herniederprasselt (mit dem Geiger-Zähler können wir es direkt hören) Teilchen vorkommen mit Energien bis 10^{18} e-Volt, d. h. einer Million Billionen e-Volt. Da kommt selbst dem Physiker das Gruseln!

Die großen Teilchenbeschleunigungsmaschinen versuchen, den

riesigen Vorsprung der Natur mit ungeheurem Aufwand einzuholen. CERN in Genf, das „Centre Européen des Recherches Nucléaires", hofft, demnächst bis 25 Milliarden e-Volt zu kommen. Das ist zwar ein Vieltausendfaches der Energiebeträge, die uns die natürliche Radioaktivität anbietet. Gegenüber den energiereichsten Teilchen der kosmischen Ultrastrahlung andererseits ist man noch um einen Faktor von rund hundert Millionen im Hintertreffen!

Was den Physiker an diesen hohen und höchsten Energien reizt, sind nicht primär die Fragen der Energieerzeugung. Das wichtige ist vielmehr, daß man bei solchen Energien eine große Anzahl neuartiger, großenteils instabiler *Elementarteilchen* bekommt: Neutronen, Neutrinos, Mesonen, Hyperonen etc. wie sie alle heißen. Und da beginnt nun der „Blick ins Innere der Natur"!

Damit Sie hierfür sozusagen das richtige Guckloch finden, muß ich erst ein paar Worte über die „theoretische Begleitmusik" zu diesen großen Entdeckungen sagen:

Schon die Deutung des gewöhnlichen radioaktiven Zerfalls war nicht möglich auf dem Boden der *klassischen* Physik. Daß — irgendwann einmal — ein α-Teilchen z. B. aus einem Urankern entweichen kann, beruht vielmehr darauf, daß dieses α-Teilchen *auch* die Eigenschaften einer Welle, einer sogenannten de Broglie-Welle hat. Und diese Materiewelle kann sich noch — wenn auch sozusagen stark behindert — dort ausbreiten, wo sie *eigentlich* nicht hin gehört.

Dieser ersten „theoretischen" Bemerkung möge sich eine zweite anschließen, die in eine ganz andere Richtung führt! Für die energiereichen Teilchen, mit denen wir es in der Kernphysik überwiegend zu tun haben, ist nicht mehr die klassische Mechanik von Newton zuständig, sondern die Mechanik der speziellen Relativitätstheorie von Einstein. Bei den äußerst energiereichen Teilchen der kosmischen Ultrastrahlung z. B. ist die gewöhnliche Ruhmasse vernachlässigbar klein gegenüber der sogenannten „bewegten Masse", von der überhaupt erst die Relativitätstheorie Kenntnis genommen hat. Nach dem Bekanntwerden der speziellen Relativitätstheorie (1905) gingen lange Zeit allerlei weltanschauliche Diskussionen darüber hin und her. Heute ist sie einfach ein alltägliches Handwerkszeug, das dem Kernphysiker genau so selbstverständlich ist, wie dem Maschinenbauer die klassische Mechanik.

An die Quantenmechanik *und* die Relativitätstheorie, von denen ich bisher sprach, haben sich nun in neuester Zeit theoretische Entwicklungen angeschlossen, die hauptsächlich mit dem Namen von Heisenberg und dem des leider kürzlich viel zu früh verstorbenen Züricher Theoretikers Wolfgang Pauli verknüpft sind. Da darüber mancherlei Unsinn gesagt worden ist, sollte ich vielleicht erklären, was dabei *beabsichtigt* ist. Mehr kann man z. Z. eigentlich gar nicht sagen. Ich sprach vorhin von der *Mannigfaltigkeit* der in neuerer Zeit entdeckten Elementarteilchen. Man charakterisiert sie durch Angabe von Masse, elektrischer Ladung, mechanischem und magnetischem Moment, Parität und nicht zuletzt — viele sind nämlich instabil — ihre mittlere Lebensdauer. Die Frage ist nun: Warum kommen in der Natur gerade ganz bestimmte Kombinationen dieser verschiedenen physikalischen Größen vor? Und warum nur diese? Die neuen Theorien betrachten dieses als ein sogenanntes *Eigenwertproblem*. Das heißt, man hofft die gesuchten Zahlenwerte mittels einer *Differentialgleichung* in ähnlicher Weise berechnen zu können, wie man z. B. aus der schon lange bekannten Differentialgleichung der schwingenden Saiten deren Eigenschwingungen, d. h. die Folge der Obertöne als ganzzahlige Vielfache der Grundfrequenz erhält.

Daß solche theoretischen Entwicklungen auch auf die ganz praktischen Probleme der *Kerntechnik* eines Tages großen Einfluß gewinnen *müssen*, ist jedem klar, der auch nur etwas Einblick in die Zusammenhänge von Forschung und Technik besitzt.

Ich möchte hier nun aber keineswegs die Vorstellung aufkommen lassen, daß die geradezu explosive Entwicklung der

154

modernen Wissenschaft und ihrer technischen Anwendungen nur eine Sache der Physik oder gar der Kernphysik sei.

So sollte ich — selbst auf den Vorwurf des Dilettantismus hin — Ihre Aufmerksamkeit noch darauf lenken, daß in der *Biologie* heute Dinge vor sich gehen, die wohl einmal in ihren Ausweitungen die Entwicklungen der Kernphysik weit hinter sich lassen könnten.

Ich darf es mir als Physiker vielleicht erlauben, auch biologische Dinge von der apparativen Seite her zu betrachten:

Das *Lichtmikroskop* erschloß dem Biologen und Mediziner Strukturen bis herunter zu etwa einem tausendstel Millimeter und damit insbesondere den Bereich der tierischen und pflanzlichen Zellen.

Das *Elektronenmikroskop reicht* bis einem millionstel Millimeter, und zeigt so z. B. sogar die feinere Struktur von Chromosomen, von Viren usw.

Ein millionstel Millimeter erreichen aber andererseits schon die Dimensionen mittelgroßer Moleküle und so schließt sich an den Arbeitsbereich des Elektronenmikroskops der der *Strukturanalyse und Kristallanalyse mittels Röntgenstrahlen* an. Hier reichen sich Biologen, Physiker und Chemiker die Hände und ihren gemeinsamen Bemühungen ist es in den letzten Jahren gelungen, biologische Strukturen zu analysieren bis in die Anordnung ihrer Moleküle hinein und diese Moleküle wieder bis in die Anordnung ihrer Atome.

So ist die Forschung heute dabei, die Probleme der Zellteilung, der Fortpflanzung und der Vererbung bis in den atomaren Bereich hinein zu analysieren. Auf die Anliegen der Krebsforschung brauche ich in diesem Zusammenhang kaum noch hinzuweisen. Aber was wird es bedeuten, wenn man eines Tages darangeht, z. B. Viren und Bakterien sozusagen „nach Maß" zu *entwerfen?!*

Da tun sich neben den wissenschaftlichen Problemen solche menschlicher und ethischer Natur auf, welche die von manchem schon halb erledigt geglaubten der Kerntechnik weit hinter sich lassen.

Diesem Anwachsen der Wissenschaft selbst entspricht ein nicht geringeres Wachstum der von ihr gebrauchten Hilfsmittel:

Die großen Teilchenbeschleuniger, wie z. B. das in Genf in Bau befindliche 25-Milliarden-Volt-Protonen-Synchrotron haben die Struktur einer Fabrikanlage. Schon die Baugruppe umfaßt weit über hundert Physiker, Ingenieure usw. Der Magnet ist ein Ring von ca. 200 m Durchmesser; aber seine Teile müssen noch auf $^1/_{10}$ mm justiert werden, usw.

Oder denken Sie an das nunmehr fertige Radioteleskop der Universität Manchester. Ein Hohlspiegel von 80 m Durchmesser ist da nach allen Richtungen frei beweglich aufgehängt. Dieser Spiegel wiegt 700 Tonnen, das ganze Instrument 2000 Tonnen. Trotzdem wird eine Einstellgenauigkeit von ± 5 Bogenminuten erreicht; das entspricht also $^1/_6$ vom scheinbaren Durchmesser der Sonne oder des Mondes!

Vielleicht haben Sie einmal Gelegenheit, eine elektronische Rechenmaschine zu sehen? Als ich vor ein paar Jahren die große IBM-Maschine in Berkeley besichtigte meinte Prof. Henyey, der mich herumführte: „Drücken Sie mal auf den Startknopf so kurz Sie können; die Maschine soll derweil 13stellige Zahlen aufaddieren". In einer Zeit, die man vulgo als einen Augenblick bezeichnet, hatte die Maschine bereits viele hundert 13stellige Zahlen aufaddiert!

Das Heraufkommen der „neuen Wissenschaft" mit ihren ebenso neuen und großartigen Hilfsmitteln ging Hand in Hand mit ebenso gewaltigen technischen Entwicklungen. Sie sind — auch dem breiteren Publikum — viel besser bekannt. Ich darf mich hier daher kurz fassen; möchte aber doch an einigen Beispielen die Konsequenzen noch einmal deutlich herausstellen:

1. Die *Atombombe* ermöglicht es, über ganze Kontinente und vielleicht sogar die ganze Erde hinweg alles Leben zu vernichten. Ihre Betätigung erfordert kein besonderes Maß an Intelligenz.

2. Die *friedliche Verwendung der Kernspaltung* befreit die Menschheit auf lange hinaus von der immer ernster werdenden Sorge um die Erschöpfung der Kohle- und Ölvorräte. Die Bändigung der Kernfusion würde eine praktisch unerschöpfliche Energiequelle geben.

3. Die moderne *Raketentechnik* unterstreicht den Ausspruch des Columbus: „Il mondo e poco", die Welt ist klein. Das gilt hinsichtlich des Verkehrs *und* hinsichtlich der militärisch-politischen Wechselwirkungen auf der Erde.

Wenn ich mir hier einen kurzen Seitenblick erlauben darf, so möchte ich bemerken, daß doch offenbar zu allen Zeiten die wesentlichen politischen Gebilde von *der* Größenordnung waren, die der Reichweite der jeweiligen Verkehrsmittel und der jeweiligen Waffentechnik entsprachen. Wir sind seit einigen Jahren bei der grundsätzlich neuen Situation angelangt, daß *beide* sozusagen in einem Augenblick um die *ganze* Erde herum zuzugreifen vermögen. Es sollte klar sein, daß damit politische und militärische Vorstellungen, die auf der Annahme „klein gegenüber dem Erdumfang" beruhen, einfach überholt sind. Das müßte wenigstens die jüngere Generation verstehen!

4. Die *Automation* — ich erwähnte als prägnantes Beispiel schon die elektronische Rechenmaschine — wird dahin führen, daß ein Aufwand von vielen Arbeitsstunden wenig gelernter Kräfte mehr und mehr ersetzt wird durch weniger Arbeitsstunden hochqualifizierter Arbeitskräfte. Daß dies nicht nur an unsere soziale Struktur, sondern vor allem auch an unser Erziehungswesen, von der Volksschule bis zur Universität, grundsätzlich neue Anforderungen stellt, sollte *auch* klar sein.

Die geschilderten Wandlungen im Bereich der Wissenschaft selbst wie in ihren Auswirkungen auf die Menschheit lassen es erforderlich erscheinen, auch das *Verhältnis von Wissenschaft und Gesellschaft neu zu durchdenken.*

Dabei müssen wir uns allerdings von vornherein und auf das entschiedenste klar machen, daß ein Rückgriff auf historische Vorbilder uns so gut wie nichts nützen kann. Die Uhr ist weitergegangen. Wer heute noch glaubt, z. B. Hochschulprobleme nach den Paragraphen des bekannten „Wende" lösen zu können, der sollte besser die Finger davon lassen!

Die gestellten Aufgaben sind keineswegs einfach. Fast möchte man sich heute wieder an die alte Geschichte erinnert fühlen, wo es heißt: „Wohlauf, lasset uns eine Stadt und einen Turm bauen, des Spitze bis an den Himmel reiche, daß wir uns einen Namen machen! Denn wir werden sonst zerstreut in alle Länder." Und ist Ihnen nicht auch im Zeitschriftenzimmer gelegentlich schon deren Fortsetzung in den Sinn gekommen: „Wohlauf, lasset uns herniederfahren und ihre Sprache daselbst verwirren, daß keiner des anderen Sprache verstehe! Also zerstreute sie der Herr von dort in alle Länder..." (1. Mos. *11*, 4 und 7).

Ganz im Ernst: „*Gibt* es eine Lösung unserer Probleme?" Sehr im Gegensatz zum primitiven Meinen ungebildeter Menschen haben die Mathematiker schon lange erkannt, daß es scheinbar ganz einfache Probleme gibt, die überhaupt *keine* Lösung zulassen.

Aber: Unser Problem ist ein *historisches* und kein mathematisches. Das heißt, *wenn* wir es nur als ein historisches nehmen und also der unvorhersehbaren und bis zu einem gewissen Grade unlogischen Entwicklung des menschlichen Geistes und damit der zu verwendenden Hilfsmittel freien Spielraum gewähren, so finden wir zwar kein „Rezept" für eine Lösung, aber „es wird weitergehen"; solvitur ambulando!

In diesem Sinne stellen wir nun die etwas eingeengte Frage — und zwar vorwiegend im Hinblick auf die Verhältnisse in der Bundesrepublik: „Was fordert die Gesellschaft von der Wissenschaft?" So wie die Dinge heute liegen, heißt dies weitgehend — aber keineswegs ganz — „Was fordert der Staat von der Wissenschaft?" und nachher werden wir dann die Frage umkehren.

Es gibt heute bei uns ca. 800 000 Angehörige akademischer Berufe. Die meisten sind tätig, um den komplizierten „Apparat" des modernen Lebens zunächst einmal überhaupt *in Gang zu halten:* Als Ärzte, Theologen, Juristen, Politiker; als Ingenieure, Chemiker, Physiker usw. Soll der Organismus der modernen Gesellschaft lebendig bleiben, so kann das nur geschehen, indem er sich *weiterentwickelt.* Statische Gebilde gibt es in der Geschichte ebensowenig wie im Bereich des organischen Lebens. So ist heute die *Forschung* auf allen Gebieten, in den technischen und Naturwissenschaften, wie in den Geisteswissenschaften eines der wichtigsten Organe der modernen Gesellschaft. Welchen Aufwand ein Gemeinwesen für Wissenschaft und Forschung zu machen hat, das war noch vor 100 Jahren eine Frage seiner „kulturellen" Ambitionen, sozusagen ein Luxus. Heute ist es eine Frage seiner weiteren Existenz: Eine Industrie, die keine Neuentwicklungen zustande bringt oder riskiert, wird eben über kurz oder lang von einer lebensvolleren Konkurrenz anderer Art oder anderer Länder beiseite geschoben. — Wenn ein Land sich auf den Standpunkt stellt, daß es eine starke Militärmacht brauche, so ist dies heute von vornherein sinnlos, wenn nicht eine entsprechende Industrie- und Forschungskapazität dahintersteht. Eine Wehrmacht, die auf den technischen Erfindergeist und die Industrieprodukte anderer Länder angewiesen ist, wird letzten Endes ein Vasallenheer dieser Länder sein. In industrieller wie in militärischer Hinsicht bestimmen Wissenschaft und Forschung heute wesentlich das Potential eines Staates. Dabei sollten wir die Geistes- und Sozialwissenschaften keineswegs vergessen. Wie gut oder schlecht ein Staat funktioniert, das hängt auch wesentlich mit davon ab, ob in ihm das Selbst-Verständnis und die rechtliche Ausprägung seiner Lebensformen in Ordnung sind. Eine Verwaltung z. B., die nach „Parkinsons Gesetz" schließlich nur noch sich selbst verwaltet, kann auch die besten Absichten zum Erlahmen bringen!

Lassen Sie mich nach diesen allgemeinen Bemerkungen über die Forderungen der Gesellschaft an die Wissenschaft einige Daten über die speziellen Verhältnisse in Deutschland einschalten!

Betrachtet man die Zunahme des akademischen Studiums, so könnte man sich den rosigsten Träumen hingeben. Im derzeitigen Bundesgebiet waren

1910	1930	1953
ca. 67 000	110 000	116 000 Studenten.

Aber es kamen auf *ein* Mitglied des Gesamtlehrkörpers

1849	1900	1952
9	12	20 Studenten.

Dabei müßte man billigerweise noch in Rechnung stellen, daß mit der Zahl der Studenten die Zahl der Begabungen nicht entsprechend anwachsen konnte und kann. Es sollte auch klar sein, daß man zur Heranbildung weniger begabter Leute mehr Lehrkräfte braucht und nicht weniger!

Wie es mit der Leistungsfähigkeit der deutschen Forschung steht, dafür mag ein wenn auch rohes, aber doch objektives Maß die Verleihung der *Nobelpreise* (aller Sparten) geben. In den ersten Jahren nach der Stiftung 1901—1910 fielen 14 Nobelpreise an deutsche Forscher, 1948—1957 waren es noch 5. Einer der entscheidenden Gründe für dieses Absinken wird ersichtlich, wenn wir z. B. die Verleihungen der *Planck-Medaille* analysieren, mit welcher der Verband Deutscher Physikalischer Gesellschaften ihr nahestehende bedeutende Physiker ehrt. Unter den 12 Empfängern dieser Ehrung wieder in den Jahren 1948—1957 waren 7, also mehr als die Hälfte, Emigranten! Vorsichtig geschätzt, ist noch heute das wissenschaftliche Potential von Deutschland infolge der Tätigkeit des Naziregimes etwa auf die Hälfte verringert. „Und das alles verdanken wir dem Führer" — wie es immer so schön hieß! Es wird noch (günstig gerechnet) ein bis zwei Jahrzehnte brauchen, ehe diese Lücke einigermaßen geschlossen werden kann.

Einen weiteren Maßstab — er ist ebenfalls äußerst roh — für den Stand der Wissenschaft liefert der ihrer *Institute* (Seminare, Kliniken etc. selbstverständlich einbegriffen). Was nach den Zerstörungen des Krieges in Deutschland aufgebaut worden ist, verdient gewiß unsere Anerkennung. Es wäre alles schön und recht, wenn wir nur den Vergleich mit den *deutschen* Zuständen, sagen wir vom Jahre 1930, zu bestehen hätten.

Aber inzwischen ist eben — wie ich ausführlich begründet habe —, und in der Wissenschaft noch mehr als auf anderen Gebieten, die Welt ein Ganzes geworden. Daß es noch ein paar Wissenschaften geben mag (bösartige Menschen sagen, das seien gar keine Wissenschaften!), wo man sich in nationaler Behaglichkeit verkriechen kann, ändert daran wenig.

Nun, die Berechnungen der Aufwendungen für Wissenschaft und Forschung in Prozent des Nationaleinkommens etc. bei verschiedenen Nationen sind schon so oft publiziert worden, daß ich Sie mit diesen Zahlen nicht zu langweilen brauche. Das ändert nichts daran, daß wir so gesehen immer noch weit zurück sind. Deutlicher als statistische Zahlen — die wohl immer etwas Anrüchiges an sich haben — spricht das, was man bei Reisen im Ausland einfach zu sehen bekommt, wobei ich besonders an die beiden wissenschaftlichen Großmächte denke: USA und UdSSR. Von den Vereinigten Staaten sagten viele noch in meiner Studentenzeit: „Ach, die machen eben nach, was sie in Europa gelernt haben. Unsere alte geistige Tradition ist durch nichts zu ersetzen usw." Falls es heute noch solche Leute geben sollte, so könnte wohl auch eine Atombombe deren Denken kaum erschüttern. Aber schlimm ist es, daß heute ähnlich unsinnige Ansichten bezüglich unseres östlichen Nachbarn bis in höchste Stellen herauf sich noch großer Beliebtheit erfreuen.

Statt allgemeiner Erörterungen nur *ein* Beispiel, das ich selbst genau an Ort und Stelle studiert habe: Mein eigenes Arbeitsgebiet, die Astrophysik, ist doch wohl weder militärisch noch industriell besonders „bevorzugt". Die im Kriege völlig zerstörte Sternwarte in Pulkovo bei Leningrad ist heute wieder aufgebaut und beschäftigt insgesamt ca. 400 Personen mit einem Jahresetat von rund 2 Millionen DM. Ihr neues Radioteleskop für Dezimeterwellen hat 120 m Durchmesser. In kurzer Zeit haben die Russen gelernt, die schwierigsten Probleme der Optik zu meistern; sie machen heute z. B. Beugungsgitter, welche die besten amerikanischen an Qualität erreichen (das haben z. B. früher die Zeiss-Werke nie fertig gebracht); usw. Heute gehen die russischen Astronomen bereits daran, *selbst* ein optisches Spiegelteleskop von den Dimensionen des bekannten 5 m-Spiegels auf Mt. Palomar zu bauen.

Zusammenfassend kann ich nur die nicht sehr „wirtschaftswunderliche" Feststellung machen, daß die deutsche Wissenschaft trotz aller Anstrengungen und viel guten Willens sich heute noch sozusagen in einem tiefen Graben zwischen West *und* Ost befindet. Dies bedeutet für unser Land einen Zustand, den wir im Grunde für viel bedrohlicher halten müssen, als die gewiß nicht zu unterschätzenden Bedenklichkeiten unserer politischen Lage.

So komme ich zu dem letzten Teil meiner Ausführungen, welcher der Frage gelten soll: „Was müssen Wissenschaft und Forschung von der Gesellschaft und vom Staat verlangen, um auf die Dauer unserem Lande geistig und materiell ein Potential zu geben, das es im Gleichgewicht mit der sozusagen über Nacht veränderten Umwelt halten kann?"

Vielleicht das trivialste ist, daß die Wissenschaft *noch* wesentlich *mehr Mittel und Hilfsmittel* braucht als heute. Ich hoffe, es ist Ihnen aus dem Vorhergehenden klar geworden, daß es gar keinen Sinn hat, den jetzigen Aufwand etwa mit *dem* zu vergleichen, der z. B. 1930 noch sinnvoll sein mochte. Es ist ebenso unproduktiv, etwa die Kieler Institute quadratmeterweise mit denen in Bonn oder weiß wo zu vergleichen. Solche Vergleiche ändern nichts daran, daß wir insgesamt gegenüber unseren eigentlichen Kontrahenten — wenn ich so sagen darf — rund um einen Faktor 2 zurück sind. Wenn ich von „Mitteln und Hilfsmitteln" spreche, so muß ich die Älteren unter Ihnen nochmals dringend daran erinnern, daß „Wissenschaft" heute etwas ganz anderes ist, als zu ihrer Studienzeit! Das aus der Sache heraus bedingte Anwachsen des „Apparates" habe ich

162

versucht, Ihnen an Beispielen zu verdeutlichen. Dazu gehört nun aber — und das kostet leider auf die Dauer ebensoviel — das nötige Personal und Hilfspersonal. Dem universellen Institutsdiener vergangener Zeiten werden viele nachtrauern, besonders wenn sie einen so netten und tüchtigen hatten wie ich selbst. Aber heute muß an seine Stelle vielfach schon ein gelernter Mechaniker oder gar ein Diplomingenieur treten mit einer hochspezialisierten Ausbildung für ganz bestimmte Anforderungen. Und analoge Kräfte werden fast überall in Naturwissenschaft und Medizin in steigender Zahl dringend benötigt. Andere Wissenschaften, die man heute noch „daheim im stillen Gemach" betreiben kann, werden — davon bin ich fest überzeugt — eine analoge Entwicklung früher oder später durchmachen *müssen*.

Nehmen wir nun einmal an — bei einer festlichen Gelegenheit darf man doch etwas phantasieren? — eines Tages käme ein Djin aus Tausendundeiner Nacht und gäbe dem Stifterverband für die Deutsche Wissenschaft einen riesigen Beutel mit Gold. Wäre dann alles klar?

Wir müßten sogleich merken: Nein! Eine ganze Menge wäre schon zu schaffen, aber dann käme der kritische Punkt: Wir könnten so rasch gar nicht die vielen erstklassigen Mitarbeiter bekommen, um mit den erhaltenen Reichtümern sinnvolle Forschung zu betreiben.

Lassen Sie mich noch einmal zurückgreifen! Ich sprach bereits von der Überlastung der Professoren etc. mit Lehrverpflichtungen infolge der gewachsenen Studentenzahlen. Eine wichtige Konsequenz dieser Entwicklung ist an der Öffentlichkeit bisher so gut wie ignoriert worden: Wenn die Professoren, Assistenten, Institute etc. mit Unterrichtsverpflichtungen überlastet sind, so bleibt notwendigerweise die Forschungsarbeit zurück. Diese kann nur gedeihen, wo ein gewisser Überschuß an Zeit, Arbeitskraft, Mitteln — ich möchte fast sagen, ein gewisser gemäßigter wissenschaftlicher Luxus! — vorhanden ist.

Da kommen nun die zehnmal Gescheiten und sagen uns: „Für die Forschung haben wir doch die Max-Planck-Institute und wir haben die noch viel vornehmer ausgestatteten Bundesforschungsinstitute aller Art." Meine Damen und Herren! So etwas kann nur jemand sagen, der von lebendiger wissenschaftlicher Forschung keine Ahnung hat. Die wirkliche Forschung — ich spreche jetzt nicht vom Ab-Arbeiten von Programmen — ist immer eine Sache *junger* Leute gewesen: Einstein entdeckte die spezielle Relativitätstheorie mit 26 Jahren, N. Bohr sein Atommodell mit 28 Jahren, C. F. Gauss seine berühmte Methode der astronomischen Bahnbestimmung mit 24 Jahren usw. Das sind keine Ausnahmen, sondern das ist — bei wirklicher Produktivität — die Regel. Produktive Forschung ist also nur möglich, wo begabte junge Leute unter der Anleitung älterer, erfahrener Wissenschaftler rasch in ihr Gebiet hereinkommen. Der entscheidende Teil der Forschung *kann* daher nur an den Hochschulen lokalisiert sein. Die reinen Forschungsinstitute sollen — das ist ja auch der ursprüngliche Sinn der Max-Planck-Institute — schon ausgereiften Forschern *bessere* Arbeitsbedingungen geben. Den staatlichen Forschungsinstituten mag für die Bearbeitung ganz bestimmter, praktisch wichtiger Aufgaben große Bedeutung zukommen. Das alles ändert nichts an der Richtigkeit unserer Feststellung, daß der entscheidende Prozeß in der wissenschaftlichen Produktivität eines Landes darin liegt, daß fähige junge Leute unter geeigneter Hilfestellung erfahrener Forscher frühzeitig die Möglichkeit haben, etwas Gescheites zu machen.

Und dann sollte man einen nicht unwichtigen weiteren Punkt bedenken. Heute ist es nur allzuoft so: hat man einen tüchtigen Mann, so ist keine Stelle für ihn da; hat man endlich die Stelle, so ist der Mann längst in der Praxis. Die Konsequenz: Wir müssen in der Handhabung unserer Mittel beweglicher werden. Schon vor Jahren hat Hellmuth Becker einmal ausgeführt: „Es muß erkannt werden, daß die gewöhnlichen Maximen staatlicher Verwaltung keine Gültigkeit mehr besitzen, wenn die Finanzkonzentration beim Staat eine Monopolstellung auf dem Gebiet der Forschungsfinanzierung schafft. Freiheit und

Risiko, ja, man möchte fast sagen, Zufälligkeit sind notwendig, wenn die Forschung lang dauernde Erfolge zeitigen soll. Kontrolle, Kleinlichkeit und Zweckbestimmung behindern sie aufs äußerste. Die Zersplitterung der Forschungsverwaltung verstärkt diese Entwicklung."

Bei der Erörterung von Personalproblemen aller Art im Bereich der Wissenschaft pflegt man — ich will dieses Wörtchen nicht weiter analysieren! — gerne und oft an den Idealismus des Wissenschaftlers zu appellieren. Das mag in Einzelfällen noch seine Berechtigung haben; den Riesenbetrieb der Wissenschaft von heute oder gar den der Zukunft darauf basieren zu wollen, verrät ein hohes Maß soziologischer Blindheit. Im ganzen gesehen ist Wissenschaft heute ein Beruf wie andere auch. Man mag das bedauern oder nicht, es *ist* so.

Um so wichtiger ist es, daß wir mit allem Ernst noch einmal zu dem schon angeschnittenen Problem zurückkehren: „Wissenschaft und Verwaltung", wobei die letztere sich erstrecken muß auf Menschen wie auf Sachen, insbesondere das nun einmal unentbehrliche Geld. Dies jedenfalls scheint mir klar zu sein: Wissenschaft und Forschung können ihre *Zielsetzung* nur aus genauer Kenntnis ihrer eigenen Lage heraus finden, wobei es ohne ein erhebliches Wagnis nicht abgeht. Eigentlich alle großen Entdeckungen, Erfindungen und sonstigen Fortschritte nahmen ihren Ausgang von einem großen Risiko geistiger oder materieller Art. Dies ist genau der Gegenpol von dem, was eine möglichst geordnete Verwaltung oder gar eine Kontroll- und Prüfungsbehörde ihrem Wesen nach intendiert. So sollte es Sie nicht wundern, daß es da gelegentlich nicht ohne Meinungsverschiedenheiten abgeht, wobei freilich die Lage der Fronten irgendwo in dem Gewirr höchst verschiedenartiger wissenschaftlicher Institute und Verwaltungsinstanzen oft kaum noch zu erkennen ist. Auf jeden Fall sind sich eigentlich alle vernünftigen Leute darüber einig, daß die Wissenschaft ein erhebliches Maß von möglichst beweglicher *Selbstverwaltung* braucht.

Aber — und nun kommt gleich der Pferdefuß! — Selbstverwaltung heißt auch Selbst*verantwortung* und Sich-Einordnen in das Ganze der Wissenschaft. Und da zeigt sich nun, daß Bereitschaft zu individueller Verantwortung — im Geben und Nehmen — keineswegs immer mit einer bedeutenden Forscher- oder Lehrbegabung verknüpft ist. Auch der Wissenschaftler muß oft von sich sagen: „Ich bin kein ausgeklügelt Buch, ich bin ein Mensch mit seinem Widerspruch." Was sollen wir tun? Ich kann Ihnen nur meine persönliche Ansicht sagen: Ich halte wenig von Paragraphen, ich halte noch weniger von bürokratisch institutionalisiertem Mißtrauen, besonders gegenüber dem gerade an seinen lebendigsten Stellen notwendigerweise etwas unordentlichen Betrieb der Forschung und Wissenschaft. Auch hier möchte ich wieder sagen: *„Solvitur ambulando"*!

Diese Bemerkung beziehe sich noch auf ein weiteres Problem unserer Hochschulen, das ich schon kurz angesprochen habe und nun weiterführen möchte: Wie ich schon sagte, brauchen wir heute viel mehr Hilfspersonal jeder Art und jeden Ausbildungsgrades als früher. Selbst bezogen auf die Größe des Lehrkörpers sind wir da gegenüber den USA und UdSSR zurück. Es sollte eine selbstverständliche Kleinigkeit für unsere Landtage sein, diese — finanziell ja gar nicht hohen — Forderungen der Hochschulen zu bewilligen. Sodann ist es mir bei meinen Reisen im Ausland, insbesondere USA, immer wieder aufgefallen, wie wichtig es ist, daß diese unentbehrlichen Hilfskräfte auch sinnvolle Möglichkeiten des Aufstiegs vor sich sehen. Und da fehlt es bei unserem Verwaltungssystem so ziemlich an jeder Möglichkeit. Es gibt — entschuldigen Sie, wenn ich da deutlich werde — nichts Stupideres, als diese Tabelle der Tätigkeitsmerkmale und Ausbildungsvorschriften etc. Einer der führenden amerikanischen Astronomen, den ich seit 30 Jahren gut kenne, hat am Mt. Wilson-Observatory angefangen als Maultiertreiber; dann war er Nachtassistent — etwa entsprechend unserem Institutsgehilfen —; inzwischen hat er die besten und ausgedehntesten Messungen über die Fluchtbewegung der Spiralnebel und das Alter des Kosmos gemacht! *Das* haben jedenfalls die Amerika-

166

ner und unsere östlichen Nachbarn besser begriffen, wie sehr die Hoffnung die Arbeitsfreude und die Leistungen der Menschen zu beflügeln vermag.

Hierzu wäre noch manches zu sagen, aber ich sollte besser noch einmal zurückkehren zu unserem Hauptproblem der Stellung der Wissenschaft in der modernen Gesellschaft:

Mancher von Ihnen könnte vielleicht auf den Gedanken gekommen sein, meine letzten Ausführungen zu interpretieren als eine Auseinandersetzung zwischen Universität und Kultusministerium. Das wäre schief gesehen! Sie brauchen beim Herausgehen nur unsere Neubauten in verschiedenen Stadien der Entwicklung anzusehen, um zu bemerken, daß unser Ministerium sich alle Mühe gibt, den Aufbau der Universitäten voranzutreiben.

Wenn wir den Unterschied in der Stellung der deutschen Hochschulen gegenüber denen der USA und der UdSSR verstehen wollen, so müssen wir schon etwas weiter ausholen. Mit dürren Worten gesagt: In diesen Staaten nehmen Wissenschaft und Forschung finanziell und verwaltungsmäßig denselben Rang ein wie das Militär. Davon kann bei uns keine Rede sein. Ich will damit keineswegs einer an Rüstungsaufgaben geketteten Auftragsforschung das Wort reden. Die Forderung einer Angleichung der beiden Budgets ist aber auch davon ganz unabhängig. Es sind nämlich nur zwei Standpunkte möglich, die ich gleich durch ihre Extreme charakterisieren möchte: a) Man hält Militär etc. für überflüssig oder schädlich. Nun, dann ist nicht einzusehen, weshalb man nicht die sonst dafür verwendeten Gelder nun in das bestverzinsliche Unternehmen stecken soll, das man sich denken kann, nämlich Wissenschaft und Forschung. — Der entgegengesetzte Standpunkt b) wäre der, daß man Militär und Rüstung für notwendig hält. Dann ist es im heutigen Zeitalter der Technik klar, daß die militärische Stärke des Staates in erster Linie davon abhängt, ob sein Militär technisch auf der Höhe ist und vor allem, ob auch im Ernstfalle technische Entscheidungen unter Umständen extrem fachlichdiffiziler Art rasch und sicher getroffen werden. Das ist nur möglich, wenn erst einmal überhaupt das nötige wissenschaftlich-technische Potential vorhanden ist. Ein Staat, der in technischer Hinsicht auf fremde Hilfe angewiesen ist, hat in unserer Zeit auch politisch den größeren Teil seiner Selbständigkeit verloren.

Daß die finanziellen Forderungen der Wissenschaft gegenüber denen der Militärs immer noch äußerst bescheiden sind, mögen ein paar Zahlen aus einer bekannten US-Tageszeitung erläutern:

Ein B52-Bomber kostet danach 8 Millionen Dollar = 34 Mill. DM. Die Ausbildung kostet drüben für einen Infanteristen 2200 Dollar = 9200 DM; für einen Raketen-(Guided Missiles-)Operator 7438 Dollar = 31 000 DM, bei den Piloten kommt man schon in die 100 000 Dollar usw. Wer an einer deutschen Universität alle Prüfungen des *Honnefer Modells* glücklich überstanden hat, darf sich wenigstens dem untersten „GI" äquivalent fühlen!

Es ist mir gegen einen solchen Vergleich eingewandt worden, Militärdienst mache man ja nicht zum Vergnügen, während man das Studium doch freiwillig und als Grundlage für einen gut bezahlten Beruf betreibe. Eine solche Argumentation verfehlt völlig den wesentlichen Punkt: Wenn wir überhaupt vernünftig weiterexistieren wollen, so brauchen wir schon im Frieden ein Heer von Fachleuten aller Art. Sehen Sie sich andererseits die soziale Struktur unserer Hochschulen an, so bedarf es keiner Worte, daß dieser Nachwuchs nur kommen kann, wenn wir ihm finanziell unter die Arme greifen und ihn aktiv an die Hochschulen heranziehen. Zusammenfassend kann man nur betonen — und dies sollte auch in Deutschland allmählich in das allgemeine Bewußtsein eindringen: *Der Lebensnerv einer modernen Gesellschaft und eines modernen Staates ist Wissenschaft und Forschung; sie bestimmen als wichtigste Faktoren unsere Zukunft.* Volentem fata ducunt, nolentem trahunt.

Quellenverzeichnis

Physik und Historie
Kieler Rektorratsrede vom 12. Mai 1958.
Veröffentlichungen der Schleswig-Holsteinischen Universitätsgesellschaft. Neue Folge No. 24; Kiel: F. Hirt-Verlag 1958.

Max Planck
Rede zur Enthüllung des Kieler Max-Planck-Denkmals am 23. April 1958.
Veröffentlichungen der Schleswig-Holsteinischen Universitätsgesellschaft. Neue Folge No. 24; Kiel: F. Hirt-Verlag 1958.

Heinrich Hertz in Kiel
Zum hundertsten Geburtstag des Entdeckers der elektromagnetischen Wellen.
Kieler Neueste Nachrichten vom 22. Februar 1956.

H. Hertz, Prinzipien der Mechanik
Versuch einer historischen Klärung.
Physikalische Blätter 26, 337 (1970).

Walther Kossel (1888—1956)
Gekürzt in „Die Naturwissenschaften" 44, 293 (1957).

P. ten Bruggencate (1901—1961)
Jahrbuch der Akademie der Wissenschaften in Göttingen 1961, S. 57.

Otto Struve (1897—1963)
Mitteilungen der Astronomischen Gesellschaft 1963, S. 5.

M. G. J. Minnaert (1893—1970)
Solar Physics 17, 3 (1971); Deutsche Übersetzung.

Ptolemäus — Kopernikus — Einstein
Vortrag auf der 54. Hauptversammlung des Deutschen Vereins zur
Förderung des Mathematischen und Naturwissenschaftlichen Unter-
richts e. V., Kiel 1963.
Physikalische Blätter 20, 204 (1964).

Die chemische Zusammensetzung der Sterne
Festvortrag auf der GDCH-Hauptversammlung am 11. Septem-
ber 1963 in Heidelberg.
Angewandte Chemie 76, 281 (1964).

Evolution kosmischer Materie
Verhandlungen der Schweizerischen Naturforschenden Gesellschaft
— 148. Versammlung in Einsiedeln 1968.
Zürich 1968; S. 35.

Die Einheit des Universums
Universitas 17, 739 (1962).

Wissenschaft und Forschung in der modernen Gesellschaft
Vortrag zur Kieler Universitätswoche im Januar 1959.
Auszugsweise veröffentlicht in „Die Zeit" vom 13. Februar 1959.